Rolf Reinicke

STEINE AM OSTSEESTRAND

DEMMLER VERLAG

ROLF REINICKE

STEINE
AM OSTSEESTRAND

DEMMLER VERLAG

Bibliographische Informationen
der Deutschen Nationalbibliothek:
Die Deutsche Nationalbibliothek
verzeichnet diese Publikation in der
Deutschen Nationalbibliographie.
Detaillierte bibliographische Daten
sind im Internet abrufbar unter:
http//dnd.ddb.de

Demmler Verlag GmbH
Rolf Reinicke
Steine am Ostseestrand
Texte, Fotos und Gestaltung:
Rolf Reinicke
Zeichnungen und Lektorat:
Inge Reinicke
www.kuestenbilder.de

ROLF REINICKE
STEINE AM OSTSEESTRAND
4. AUFLAGE 2009
ISBN 978-3-910150-75-1

AN DER BÄDERSTRASSE 7C
18311 RIBNITZ-DAMGARTEN
www.demmlerverlag.de

Printed in Germany:
Druckhaus Gera GmbH
www.druckhaus-gera.de

INHALT

Faszination Strandsteine 6

GESTEINE 8

Granit 12 Porphyr 14 Gneis 16
Sandstein 20 Kalkstein 22
Feuerstein 24 Schreibkreide 26 „Katzengold" 30
Hühnergötter 32 Wallsteine 34

FOSSILIEN 36

Kreidefossilien 38 Donnerkeile 40
Seeigel 42 Schwämme 46 Klappersteine 48
Kleinfossilien 50
Ölandstein 56 Silurfossilien 58
Schalen im Sandstein 60 Spurenfossilien 62

BERNSTEIN 64

Varietäten 66 Flussformen 68
Bernstein erkennen 70

MEHR WISSEN 72

Strandsand 74 Suchen 76
Museen 78
Literatur 79

FASZINATION STRANDSTEINE

Farbenfrohe Vielfalt

Das Sammeln von Steinen zählt zur großen Leidenschaft vieler Strandwanderer an der Ostsee. Ein Donnerkeil, ein Hühnergott oder gar ein versteinerter Seeigel gelten manchem als schönstes Mitbringsel von einer Wochenendtour oder Urlaubsreise – selbst gefunden!

Es gibt wenige Küsten auf unserer Erde, an denen so viele verschiedenartige Strandsteine vorkommen. An den Geröllstränden unserer heimatlichen Ostseeufer findet man tatsächlich eine ganz ungewöhnlich bunte Vielfalt unterschiedlichster Gesteine. Für den Nichtfachmann ist es gar nicht einfach, sie zu bestimmen, ihnen einen Namen zu geben. Viele, die gern nach interessanten Strandsteinen suchen, möchten aber gern etwas mehr über ihre Funde wissen – welchen Stein oder welche Versteinerung sie da gerade gefunden haben. Für sie, für Strandwanderer ohne geologische Vorbildung, ist dieses kleine Buch gedacht. Es zeigt und erklärt die Vielfalt und Schönheit der Strandsteine – so wie man sie selbst mit etwas Ausdauer und Glück finden kann.

Alle auf den Fotos abgebildeten Strandgerölle – Gesteine und Fossilien – sind unbearbeitet, also so belassen, wie sie gefunden wurden. Und sie wurden im trockenen Zustand fotografiert.

Im Text wird auf möglichst verständliche Art erklärt, um welche Funde es sich bei den abgebildeten Strandsteinen handelt, wie sie entstanden, woher sie kommen, welche Besonderheiten sie haben. Auf für den Laien schwer verständliche geologische Fachbegriffe wurde dabei ebenso verzichtet wie auf komplizierte wissenschaftliche Erklärungen. Die sachliche Richtigkeit aller Erläuterungen wird trotzdem garantiert – der Autor ist Geologe.

Das Buch zeigt und beschreibt die wichtigsten und interessantesten Strandsteine. Es bietet aber keine Vollständigkeit. Die Abbildungen der zahlreichen Funde können auch zur Freude für jene dienen, die bei der eigenen Suche nach den Originalen wenig erfolgreich waren – und ihnen den Blick dafür schärfen.

Für alle Strandfunde nicht geologischer Natur – beispielsweise für Muscheln, Schnecken, Krabben, Seesterne oder Rollholz – gibt es in dieser Reihe das Buch „Funde am Ostsseestrand" (siehe Seite 80).

Faszinierende Strandsteine – ein Arrangement besonders interessanter Gesteine und Fossilien – alle gefunden an den Geröllstränden der deutschen Ostseeküste, natürlich nicht an einem Tag, aber mit viel Glück und Geduld. Die gehören zu einer erfolgreichen Suche.

(ø der Gerölle ca. 1 - 5 cm)

GESTEINE

Es lohnt sich unbedingt, einen der vielen Geröllstrände an unserer Küste etwas genauer zu betrachten, am Besten bei nebelfeuchtem Wetter. Dann zeigen die Strandgerölle nämlich ihre ganze Vielfalt, ihre ungewöhnliche Verschiedenartigkeit.
Nochmals sei betont: So viele unterschiedliche Gerölle wie an den südwestlichen Ufern der Ostsee gibt es weltweit tatsächlich nur an wenigen anderen Geröllstränden.
Natürlich erscheint diese ungewöhnliche Vielfalt anfangs etwas verwirrend. Daher ist es gut, zuerst nach Bekanntem Ausschau zu halten, beispielsweise nach Feuerstein, den ja fast jeder Strandwanderer kennt und der an vielen Stränden das weitaus häufigste Geröll bildet. Feuerstein ist ein **Gestein,** ein Ablagerungsgestein – so wie auch die Schreibkreide, aus der er zum großen Teil stammt. Mancher erkennt zwischen dem Strandgeröll auch einen rötlichen oder grauen Granit. Ja, richtig: Feldspat, Quarz und Glimmer... Das sind **Minerale**, deren kleine Kristalle zusammen den Granit bilden, ein kristallines Gestein. Da liegt auch noch ein Donnerkeil, eine Versteinerung, ein **Fossil**, das – wie der Feuerstein – aus der Schreibkreide stammt.

Strandgerölle lassen sich ganz grob einteilen in Gesteine und Versteinerungen. Alle Gesteine bestehen also aus Mineralen, den Grundbestandteilen der festen Erdkruste. Manches Mineral gibt es auch in reiner Form als Gestein.
Die häufigsten Strandgerölle kann man den folgenden Gesteinsgruppen zuordnen:

Kristalline Gesteine:
- Tiefengestein (aus Magma entstanden): Granit
- Ergussgestein (aus Lava entstanden): Porphyr
- Umwandlungsgestein: Gneis

Ablagerungsgesteine (Sedimentgesteine):
Sandstein, Kalkstein, Feuerstein,

Fossilien gibt es nur in Ablagerungsgesteinen.

Auf den Seiten 10 - 35 sind die hier genannten Beispiele häufiger und leicht erkennbarer Gesteine abgebildet, dazu auch manche andere. Wer insgesamt mehr wissen möchte, findet auf Seite 79 weiterführende Literatur zur Gesteinsbestimmung.
Aber längst nicht alle Strandgerölle lassen sich eindeutig bestimmen. Sogar Geologen fällt bei manchen Exemplaren die Bestimmung schwer – zu vielfältig sind die Gesteine, zu groß ist die Zahl ihrer Varietäten.

Gesteine – verschiedene Arten von Granit, Porphyr, Gneis, Sandstein, Kalkstein, Feuerstein – so wie sie am Strand bunt durcheinanderliegen.
Auf der nächsten Doppelseite sind diese Exemplare nach Gesteinsgruppen sortiert.
(ø der Gerölle ca. 1 - 6 cm)

GEORDNETE VIELFALT

Eine kleine Gesteinskunde

Kristalline Gesteine: In ihnen findet man die Minerale meist als deutlich erkennbare Kristalle. Diese bildeten sich bei der Erstarrung der Gesteine.

Porphyr und Granit entstanden aus glutflüssigen Schmelzen - aus Magma. Es sind **Magmagesteine**.

Porphyr ist ein **Vulkangestein**, er erstarrte aus Lavaflüssen an der Erdoberfläche. Granit ist ein **Tiefengestein**, das aus Magma tief in der Erdkruste erstarrte.

Gneis zählt zu den **Umwandlungsgesteinen**. Er bildete sich entweder aus Magmagesteinen oder aus Ablagerungsgesteinen. Bei gewaltigen Gebirgsbildungen gelangten diese Gesteine in große Tiefen. Dort wurden sie unter großer Hitze und enormen Druck umgewandelt und verformt.

PORPHYR

KRISTALLINE GESTEINE

GRANIT

GNEIS

Gesteine – verschiedene Arten von Granit, Porphyr, Gneis, Sandstein, Kalkstein, Feuerstein – die Exemplare von der vorhergehenden Doppelseite sind auf dieser nach Gruppen sortiert. Die hier abgebildeten Gesteine werden auf den nächsten Seiten beschrieben.
(ø der Gerölle ca. 1 - 6 cm)

Ablagerungsgesteine (Sedimentgesteine): Sie enstanden zum großen Teil am Meeresboden. Die Minerale liegen in ihnen als mikroskopisch kleine Partikel vor z. B. als Kalkspat im Kalkstein oder als kleine Körnchen wie der Quarz (in Form der Sandkörner) im Sandstein.
Ablagerungsgesteine bildeten sich aus den Verwitterungsresten anderer Gesteine (z. B. Sandstein), durch die Tätigkeit von Lebewesen (z. B. Kalkstein) oder durch chemische Ausfällung (z. B. Feuerstein).
Einige Ablagerungsgesteine zeigen eine gut erkennbare Schichtung (z. B. Sandstein).
In manchen Ablagerungsgesteinen (z.B. Kalkstein) findet man Fossilien.

FEUERSTEIN

ABLAGERUNGSGESTEINE

SANDSTEIN

KALKSTEIN

GRANIT

Feldspat, Quarz und Glimmer

Granit ist an den Stränden sehr weit verbreitet und kommt in den verschiedensten Arten vor. Die vielfarbigen Granitgerölle zeigen aber alle eine recht gleichmäßige, regellose Struktur. Die einzelnen kleinen, unterschiedlich gefärbten Körnchen sind die feinen Kristalle der für Granit charakteristischen Minerale: „Feldspat, Quarz und Glimmer – das vergess' ich nimmer."

Wer ein Granitgeröll am Strand aufhebt, hält einen Stein in der Hand, der meist älter ist als eine Milliarde Jahre. Die verschiedenen Granite enstanden bei gewaltigen Gebirgsbildungen. Davon gab es gleich mehrere auf dem uralten skandinavischen Subkontinent. Hauptsächlich im Zeitraum zwischen 1,4 und 2,0 Milliarden Jahren vor heute erstarrten dabei in der Tiefe der Faltengebirge zahlreiche Granitmassive. Längst sind diese Gebirge bis auf ihre Wurzeln abgetragen, die Granite liegen an der Oberfläche. So konnte das Eis sie leicht abschürfen und nach Süden transportieren. Die wichtigsten Granitvorkommen findet man im südlichen und westlichen Schweden, auf Bornholm und im Gebiet der Ålandinseln. Von dort stammen sowohl die meisten der Granitgerölle, als auch viele der großen Findlinge. Manche dieser tonnenschweren Gesteinsbrocken liegen auch am Strand, besonders viele auf der Insel Rügen. Da jede Granitart ihre ganz spezifische Zusammensetzung und Struktur hat, kann der Fachmann die Heimat der Granitarten recht genau bestimmen. Ihre speziellen Namen geben Auskunft über die Herkunft (z. B. Stockholm-Granit).

Granit ist ein gleichmäßig-körniges Gestein: rötlich und weißlich erscheint der Feldspat, grau oder manchmal auch bläulich der Quarz. Glimmer ist dunkelgrau oder silbern; er kann auch ganz fehlen. (ø der Gerölle ca. 2 - 5 cm)

PORPHYR

Dekoratives Vulkangestein

Gerölle aus Porphyr sind – im Vergleich zu denen aus Granit – viel seltener. Einige Porphyre fallen aber sofort auf, denn in einer einheitlich gefärbten, sehr feinen Grundmasse sitzen „Einsprenglinge" wie Rosinen im Kuchen. Diese dekorativen Einschlüsse sind größere Kristalle, meist von Feldspat, manchmal auch von Quarz. Zahl und Größe der Einsprenglinge kann ebenso unterschiedlich sein wie die Farbe der dichten Grundmasse. Bei einigen hier abgebildeten sehr dunklen Exemplaren handelt es sich um „Mandelsteine", deren weiße, unregelmäßige Einlagerungen Kalkspat oder Quarz sein können.

Porphyr ist ein an der Erdoberfläche erstarrtes Magmagestein – ein Vulkanit. Die Porphyrgeschiebe stammen hauptsächlich vom Ostseegrund südlich der Ålandinseln, aus dem westlichen Mittelschweden, aus dem östlichen schwedischen Småland sowie dem norwegischen Oslogebiet. Während die meisten Porphyrarten zwischen 1,6 und 1,8 Milliarden Jahre zählen, gibt es auch einzelne vergleichsweise junge, nur etwa 300 Millionen Jahre alte.

Anders als Granit kommt der Porphyr nicht in Form tonnenschwerer Findlinge vor. Bei der relativ raschen Erkaltung des insgesamt sehr harten Gesteins an der Erdoberfläche entstanden viele Risse. Dadurch zerbrach der Porphyr bei der Beanspruchung durch das Inlandeis meist in viele kleinere Stücke.

Solche dekorativen Porphyrgerölle im „Jackentaschenformat" sind besonders an den westlichen Geröllstränden der deutschen Ostseeküste häufig zu finden.
(ø der Gerölle ca. 2 - 5 cm)

GNEIS

Gestein mit bewegtem Schicksal

Gneis sieht fast aus wie Granit – Farbe, Körnigkeit und Mineralführung sind zum Verwechseln ähnlich. Aber Gneis zeigt ein besonderes, gut erkennbares Gefüge: das Gestein erscheint gestreift, geschichtet. Man zählt es zu den „kristallinen Schiefern" – zu den metamorphen Gesteinen, den Umwandlungsgesteinen.

Auch Gneis entstand bei gewaltigen Gebirgsbildungen. Bei der Faltung gelangten bereits vorhandene Gesteine wie Granit oder Tonschiefer kilometertief in die Erdkruste. Dort gerieten sie unter gewaltigen Druck und große Hitze. Dabei verloren sie ihre ursprüngliche Beschaffenheit. Aus den ursprünglichen Bestandteilen bildeten sich neue Minerale – meist Feldspat, Quarz und Glimmer, wie beim Granit. Durch Gebirgsbewegungen erhielt der Gneis seine auffallende Struktur, an der man ihn recht gut erkennt.

Das Alter der vielfältigen Gneisarten entspricht dem der großen Gebirgsbildungen, die einst den Baltischen Schild formten, den geologisch ältesten Teil Europas. Diese Gebirgbildungen liegen alle länger als eine Milliarde Jahre zurück.

Gneis bildet in Schweden und Finnland weite Teile des Untergrundes. Anders als bei Granit und Porphyr kann selbst der Fachmann die genaue Herkunft eines Gneisgerölls nur vermuten. Zu vielfältig sind die Varietäten dieses harten Gesteins. In den ausgedehnten skandinavischen Gneisgebieten wird deutlich, wie völlig unterschiedlich das Gestein bereits auf engstem Raum beschaffen ist.

Auch vom Gneis gibt es tonnenschwere Findlinge und zahlreiche größere Strandgerölle. Am schönsten sind sicher die „Augengneise" mit ihren großen roten Feldspat-Augen.

Manche dieser Gneisgerölle sehen ganz ähnlich aus wie Granit. Selbst Geologen haben da manchmal ein schwer wiegendes Problem, dessen einfachste Lösung „Gneisgranit" heißt.
(ø der Gerölle ca. 1 - 6 cm)

FINDLINGE

Großgeschiebe aus Granit und Gneis

Die größten aller Strandsteine wiegen viele Tonnen. Sie bestehen fast alle aus Granit oder Gneis – aus jenen Gesteinen, die nicht nur hart, sondern auch ungewöhnlich zäh und widerstandsfähig sind sowie ohne feine Sprünge und Risse (Klüfte). Dadurch überstanden sie den Transport durch das Inlandeis über viele hundert Kilometer wesentlich besser als andere. Die großen Findlinge – hier die am Zickerschen Höft auf der Halbinsel Mönchgut (Rügen) – sind natürlich besondere stabile „Kernstücke", denn auch Granit und Gneis wurden ja beim Eisschub teilweise zerkleinert. Die Bruchstücke, vom Wasser gerundet, findet man als interessante Gerölle am Strand.

SANDSTEIN

Geschichtetes Ablagerungsgestein

Sandstein setzt sich aus winzigen, aber meist gut erkennbaren Körnchen zusammen – aus Sandkörnern. Diese bestehen aus Quarz, dem häufigsten an der Erdoberfläche vorkommenden Mineral. Quarz ist sehr hart und äußerst verwitterungsbeständig. Sandkörnchen bleiben übrig, wenn Gesteine verwittern. Als lockerer Sand wurden sie von Bächen und Flüssen in Binnenseen, hauptsächlich aber ins Meer gespült und dort am Boden in Schichten abgelagert – Sandstein ist ein Ablagerungsgestein, das später durch ein Bindemittel verfestigt wurde. Dieses Bindemittel verleiht dem Sandstein auch die Farbe, denn die einzelnen Sandkörnchen selbst sind farblos bis weißlich. Viele der sehr verschiedenartigen Sandsteine sind an ihrer Schichtung zu erkennen.

Die ältesten Sandsteine, die man am Strand findet und die aus Mittelschweden oder vom Grunde des Bottnischen Meerbusens stammen, sind etwa 1,3 Milliarden Jahre alt und meist rötlich oder rotviolett gefärbt. Neben ihnen liegen ebenso harte, aber wesentlich jüngere, hellgraue Sandsteine mit Lebensspuren am Strand. Sie sind etwa 540 Millionen Jahre alt. Die Härte eines Sandsteins ist unabhängig von seinem Alter – das gilt auch für andere Gesteine.
Relativ jung sind zwei rostbraune Sandsteinarten, von denen manche weißliche Schalenreste von Meerestieren enthalten. Eine wurde vor rund 160, die andere vor „nur" 24 Millionen Jahren gebildet. Letztere zählt zu den jüngsten Geröllen, die man an den Stränden findet (S. 60).

Sandsteine sind an ihrer Körnung und Schichtung relativ leicht zu erkennen. Manche Sandsteine wurden bei Gebirgsbildungen unter Hitze und Druck zu Quarzit – einer der härtesten Strandsteine.
(ø der Gerölle ca. 1 - 5 cm)

KALKSTEIN

Von Organismen aufgebaut

Kalksteine sind Ablagerungsgesteine (Sedimentgesteine), die alle ihren Ursprung in kalkigen Schalenresten von Meerestieren haben. Meist waren das mikroskopisch kleine Kalkpartikelchen, die am Meeresboden als Schlamm abgelagert wurden, der sich später zu Kalkstein verfestigte. Darin eingeschlossen sind oft größere Schalenreste von Muscheln, Schnecken, Korallen, Kopffüßern, Seeigeln... Manche Kalksteine bestehen sogar ausschließlich aus solchen „Makrofossilien", deren Struktur an der Oberfläche einiger Kalkgerölle deutlich sichtbar ist.

Viele der Kalksteine im Ostseeraum entstanden im Ordovizium und Silur, also im Zeitraum von 480 bis 417 Millionen Jahren vor heute. Damals bedeckten flache Schelfmeere weite Teile des baltischen Raumes. Die in dieser Zeit abgelagerten Kalksteine wie beispielsweise Orthocerenkalk (S. 56) oder Korallenkalk (S. 58) finden sich nicht selten als Strandgerölle. Sie stammen hauptsächlich aus dem Gebiet der Kalksteininseln Öland und Gotland sowie aus den umliegenden Ostseearealen, manche auch vom schwedischen Festland.

Andere Kalksteine, wie z. B der auffallend löchrige weißliche Faxekalk von der dänischen Insel Seeland, sind mit etwa 65 Millionen Jahren wesentlich jünger. Sie entstanden im Tertiär, also nach der Schreibkreide.

Kalksteine lassen sich leicht mit der Messerspitze ritzen, sind also relativ weich. Daher gibt es auch kaum Gerölle von den an der südwestlichen Ostsee weit verbreiteten besonders weichen Kalkgesteinen – z. B. der Schreibkreide (S. 26). Diese wurden vom Eis völlig zerrieben und ihre Kalksubstanz dadurch zu einem Hauptbestandteil im Geschiebemergel der eiszeitlichen Grundmoränen.

Gerölle von Kalksteinen mit ganz unterschiedlichem Alter und sehr verschiedener Herkunft. Viele von ihnen zeigen an der Oberfläche die Spuren eingeschlossener Schalenreste von Meerestieren.
(ø der Gerölle ca. 1 - 6 cm)

FEUERSTEIN

Ein ungewöhnliches Sedimentgestein

Feuerstein kennt jeder. An vielen Stränden bestehen die meisten Gerölle aus Feuerstein: dunkelgrau, fast schwarz, mit dünner weißlicher Rinde – das ist sein charakteristisches Erscheinungsbild. Auch Feuerstein zählt zu den Ablagerungsgesteinen, auch er entstand am Grunde des Meeres, oder besser: im Meeresboden, im noch lockeren, feuchten Kalkschlamm. Dort kam es zur Ausscheidung von Kieselsäure, die den Kalkschlamm verdrängte, sich zu Knollen konzentrierte und schließlich steinhart wurde. Er kommt also nicht in Schichten vor wie Sandstein, Kalkstein oder auch die Schreibkreide (in der er meist zu finden ist – S. 26), sondern in größeren oder kleineren, sehr unregelmäßig geformten Knollen, manchmal auch Platten, die in Lagen (Bändern) angeordnet sind.

Beim genaueren Hinsehen sind Feuersteine wesentlich vielfältiger als auf den ersten Blick, nicht nur in der Form, sondern auch in ihrer Färbung, ja sogar von ihrem Alter her. Die meisten stammen zwar aus der Schreibkreide, sind also rund 67 Millionen Jahre alt. Am Strand finden sich aber auch geologisch ältere und jüngere. Die helleren, grauen kommen meist aus dem Gebiet von Schonen oder den dänischen Inseln. Dort gibt es sie in Kreidekalken.

Feuerstein ist – so wie der Quarz, der die gleiche Zusammensetzung hat – besonders hart und verwitterungsbeständig. Er wurde daher vom Eis auch kaum zerrieben, sondern über ein riesengroßes Gebiet verstreut. So findet man ihn heute nicht nur an der Küste, sondern auch auf jedem Acker, in jeder Kiesgrube nördlich der deutschen Mittelgebirge.

Feuersteine sind nicht nur sehr unterschiedlich geformt, sondern zeigen auch eine ganz unterschiedliche Färbung von tiefschwarz bis hellgrau, hin und wieder auch gelblich, fleckig und oft mit einer weißlichen Rinde. (ø der Gerölle ca. 2 - 7 cm)

Feuerstein ist zwar sehr hart, aber er splittert auch recht leicht. Diese Eigenschaft wusste man schon in der Steinzeit zu schätzen. Aus Feuerstein waren die ersten Werkzeuge des Menschen. Das spätere „Besteck" aus Feuerstein, Stahl und Zunderschwamm war der Vorläufer unseres Gasfeuerzeuges. Mit Feuerstein schlug man also tatsächlich Feuer – womit auch der ungewöhnliche Name erklärt wäre.

Schreibkreidekliff im Nationalpark Jasmund auf Rügen.
Im Kreis: Ein etwa metergroßer Ausschnitt aus einem Kreidesteilufer mit den charakteristischen Feuerstein-Einlagerungen. Feuersteine bleiben als Strandgerölle zurück, wenn das Wasser die abgebrochen Kreidebrocken auswäscht.

SCHREIBKREIDE

Meeresablagerung aus der Kreidezeit

Die höchsten und schönsten aller Ostseeufer – die Kreidekliffe auf Rügen und Møn – werden von einem relativ weichen Kalkgestein gebildet: **Schreibkreide**. Diese besondere Gesteinsbezeichnung stammt von ihrer früheren Verwendung. Aus Schreibkreide stellte man einst tatsächlich Schultafelkreide her – die besteht heute aus Gips.

Schreibkreide ist eine Meeresablagerung, die vor etwa 67 Millionen Jahren entstand, am Ende der Kreidezeit. Eine unvorstellbar große Zahl allerkleinster Kalkschalen einzelliger Meerestiere bildet ihre Grundmasse. Das Meiste davon sind die Kalkscheibchen von Panzergeißeltierchen, die nur mit dem Elektronenmikroskop erkennbar sind. Lediglich acht Prozent der Schreibkreide sind größer als ein Zehntelmillimeter.

Schreibkreide lässt sich problemlos aufschlämmen. Gießt man diese weiße Dispersion durch ein feines Sieb, so bleibt ein kleiner, aber interessanter Rückstand. Betrachtet man ihn mit etwa 20-30facher Vergrößerung unter einem Stereomikroskop, so erkennt man zahlreiche kleine Schalenbruchstücke, hauptsächlich Reste von Moostierchen – aber auch manche vollständigen Mikrofossilien wie die Gehäuse von Wurzelfüßern (Foraminiferen) oder winzigen Muschelkrebsen (Ostrakoden).

Milliarden kleiner und kleinster Schalen und Schalenbruchstücke lagerten sich am Grunde des Kreidemeeres als feiner Schlamm ab. Die Dicke dieser Ablagerung wuchs pro Jahr nur um etwa einen halben Millimeter. In zehn Jahren bildeten sich also nur fünf Millimeter, in 1.000 Jahren etwa 50 Zentimeter Schreibkreide. Die Schreibkreide eines 50 Meter hohen Steilufers wäre demnach in rund 100.000 Jahren des rund fünf Millionen Jahre dauernden Zeitabschnitts entstanden, in dem Schreibkreide gebildet wurde.

Im Kreis: Frisch aus der Schreibkreide herausgewaschene Feuersteinknollen zeigen noch ihre charakteristische weiße Rinde und sehr skurrile, die Fantasie anregende Formen. (ø ca. 25 - 30 cm)

GERÖLLSTRAND AUS FEUERSTEIN

Charakteristisch für die Kreideküste

Feuersteine findet man im Geröll aller Strände an der südlichen Ostseeküste. Vor den Kreidekliffen auf Rügen und Møn besteht das Strandgeröll aber fast ausschließlich aus Feuerstein, der hier aus der Schreibkreide herausgewaschen wird. Dabei fällt auf, dass die Feuersteine sehr unterschiedlich geformt sein können. Frisch aus der Kreide herausgespülte Feuersteine besitzen oft noch sehr skurrile Formen. Das kann man besonders gut an Uferabschnitten beobachten, an denen die Brandung neue Abbrüche aufarbeitet. Viele der Funde, die an solchen Stellen aufgesammelt werden, regen die Fantasie der Finder ungemein an. Fische, Schildkröten, ja sogar Vogel- oder Hundeköpfe meint man zu erkennen. Natürlich handelt es sich hierbei nicht um versteinerte Tiere, sondern um reine Zufallsbildungen, die beim Feuerstein besonders häufig auftreten.

Die frisch aus der Schreibkreide freigespülten, weiß gerindeten Feuersteinknollen sind oft kopfgroß oder größer und eben besonders unregelmäßig geformt – so wie es das Foto im Kreis zeigt.

Werden die sehr harten, aber ebenso splittrigen Feuersteinstücke in der Brandung hin und her geworfen, zerspringen sie in kleinere Stücke. Je länger diese von der Brandung beansprucht werden, umso geringer wird ihre Größe und umso besser ihre Rundung. An jenen Strandabschnitten der Kreideküste, an denen es kaum frische Abbrüche gibt, besteht daher das Strandgeröll meist aus gut gerundeten, faust- bis hühnereigroßen Feuersteinen.

Trifft die Brandung eines schweren Sturmes schräg auf diese Küste, so können solche Feuersteingerölle über eine beachtliche Entfernung längs der Küste transportiert werden. So entstanden vor etwa 3.500 bis 4.000 Jahren die Strandwälle der bekannten Feuersteinfelder bei Neu Mukran südwestlich von Sassnitz. Auf gleiche Weise wurden die ausgedehnten, heute bereits bewachsenen Strandwälle von Ulvshale auf Møn gebildet.

„KATZENGOLD"

Mineralbildung aus der Schreibkreide

Mancher Strandwanderer meint, er habe Gold gefunden. Tatsächlich liegen im Strandgeröll vor der Kreideküste vereinzelt goldglänzende, faust- bis kopfgroße, extrem schwergewichtige Knollen. Natürlich ist das kein Gold, sondern nur „Katzengold" oder „Schwefelkies" – ein Erzmineral, das sich ganz exakt **Pyrit** nennt.

Pyrit ist Eisensulfid (FeS_2) und entstand in der Schreibkreide, genauer: im noch feuchten Kreideschlamm am Meeresboden durch Ausfällung von im Meerwasser gelöstem Eisen um einen Kristallisationskern, oft ein Fossil. Meist glänzen diese Pyritknollen allerdings nicht, sondern erscheinen rostigbraun. Zerschlägt man aber solche äußerlich unansehnlichen Stücke, so zeigen die Bruchflächen meist goldglänzenden, strahlig auskristallisierten Pyrit.

Bringt man dieses „Katzengold" nach Hause, so währt die Freude daran meist nicht lange. Denn schon bald beginnt das Fundstück weißlich „auszublühen" – es zersetzt sich. Anfangs bilden sich ein heller Belag und feine weißliche Fäden. Dann zerfällt es. Dabei wird Schwefelige Säure frei, die durchaus in der Lage ist, Papier und Tischdecken zu zerfressen und häßliche Flecke auf Möbeln zu verursachen. Leider gibt es keinen wirksamen Schutz gegen den Zerfall dieses anfangs optisch sehr attraktiven Strandfundes. Manchmal kann ein auf das völlig trockene Stück aufgesprühter farbloser Lack den Zerfall verzögern. Nur wer eine ganz frisch aus der Schreibkreide ausgespülte Pyritknolle findet, kann Glück haben, dass sein Fund noch nach Jahren so glänzt wie am ersten Tag.

Pyritknollen, gefunden zwischen dem Feuersteingeröll der Kreideküste.
Im Kreis: aufgeschlagene Pyritknolle. (ø ca. 15 cm)

„HÜHNERGÖTTER"

Glücksbringer vom Ostseestrand

Die kleinen durchlöcherten Feuersteine, die hin und wieder im Strandgeröll gefunden werden, erfreuen sich großer Beliebtheit: „Hühnergötter". Ihr Name und der damit verbundene Volksglaube stammt vermutlich aus osteuropäischen Regionen. Danach sollen Gesundheit und Legefreudigkeit des Federviehs positiv beeinflusst werden, wenn man einen solchen durchlöcherten Feuerstein ins Hühnernest legt oder an einer Schnur an die Hühnerstange im Stall hängt.

Am Lederband oder am Silberkettchen um den Hals getragen, gelten „Hühnergötter" als Glücksbringer besonderer Art. Früher trug man solche Lochsteine wohl auch gern als Amulett, das vor allen möglichen äußeren Einflüssen schützen sollte.

Die Entstehung der Löcher in den „Hühnergöttern" ist leicht erklärt: Zufallsbildungen – ganz genau wie die unglaublich vielen Formen anderer Feuersteinknollen aus der Schreibkreide. Nur äußerst selten dürfte ein Fossil die Ursache für das Loch gewesen sein.

Durchlöcherte Feuersteine findet man in unterschiedlichster Größe. Viele eignen sich, allein schon durch ihre Größe, keinesfalls als „Hühnergötter" – diese Exemplare sind einfach zu schwer. Denn es gibt sie nicht nur in kiloschwerer, sondern auch in zentnerschwerer Ausführung. Besonders massige Exemplare haben oft ein kreisrundes, glattwandiges Loch in der Mitte. Die Entstehung dieser besonderen Löcher in den schwergewichtigen Feuersteinknollen wird nicht auf Zufälle, sondern auf besondere Zirkulation von Lösungen in den noch stark wassergesättigten Ablagerungen am Boden des Kreidemeeres zurückgeführt. Man bezeichnet diese zentnerschweren Gebilde auf Rügen als „Sassnitzer Blumentöpfe". Sie wurden an der Kreideküste geborgen, nach Sassnitz transportiert, hier in den Vorgärten aufgestellt, mit Erde gefüllt und bepflanzt. So findet man sie noch heute. Neue aber kommen nicht hinzu, denn die Entfernung derart großer Objekte aus dem Nationalpark Jasmund ist nicht erwünscht.

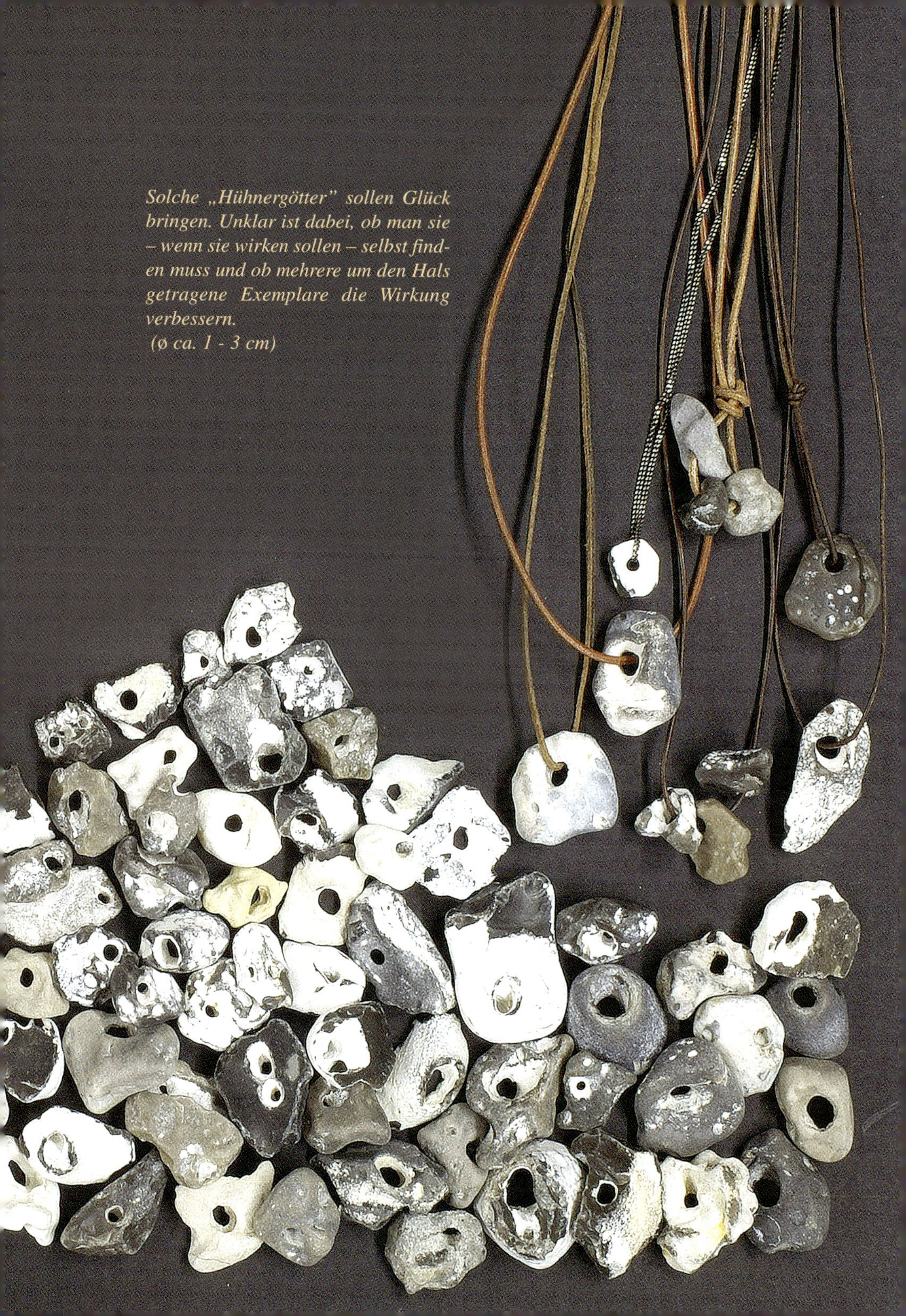

Solche „Hühnergötter" sollen Glück bringen. Unklar ist dabei, ob man sie – wenn sie wirken sollen – selbst finden muss und ob mehrere um den Hals getragene Exemplare die Wirkung verbessern.
(ø ca. 1 - 3 cm)

Diese „Wallsteine" sind Feuersteingerölle, die im Tertiär in der Brandung eines Meeres perfekt gerundet und danach wahrscheinlich in etwas tieferem Wasser poliert wurden. Wodurch sie später ihre feine Oberflächenstruktur erhielten und weshalb sie teilweise oberflächlich verfärbt sind, ist schwer zu sagen.
(ø ca. 2 - 6 cm)

„WALLSTEINE"

Strandsteine früherer Meere

Feuersteingerölle dieser Art fallen im Strandgeröll sofort auf: Sie sind perfekt gerundet, meist etwas länglich und erscheinen wie poliert. Aufgehoben erweisen sie sich als wahre „Handschmeichler". Die Oberfläche dieser glatten, als „Wallsteine" bezeichneten Gerölle hat oft feinste Einkerbungen.

Die schwarzen, an der Oberfläche teilweise gelblich verfärbten Feuersteine stammen zum größten Teil aus der Schreibkreide. Sie waren aber vor langer, langer Zeit schon einmal Strandgerölle: im Alttertiär, vor rund 57 Millionen Jahren.

Nach Ablagerung der Schreibkreide und der jüngeren Kreidekalke hatte sich das Meer für relativ kurze Zeit zurückgezogen. Das Gebiet war für einige hunderttausend Jahre Festland. Dann drang das Meer wieder vor.

Bereits in dieser Zeit entstand eine erste Kreidesteilküste. Auch sie wurde abgetragen. Schon damals gab es einen Geröllstrand aus Feuersteinen. Die „Wallsteine" sind die Strandgerölle dieses vorzeitlichen Meeres. Mit Sicherheit wurden sie viel, viel länger als die heutigen Feuersteingerölle in der Brandung bearbeitet. Was danach genau mit ihnen geschah, bleibt ein Rätsel. Denn nirgendwo im Ostseeraum fand man ursprüngliche Ablagerungen, in denen solche „Wallsteine" gefunden werden. Dafür hat das Inlandeis gesorgt, das die meisten Sedimente aus dieser Zeit vollständig abgetragen hat. Nur deren härtesten Bestandteile blieben erhalten – eben die „Wallsteine", die heute in den eiszeitlichen Ablagerungen stecken. Aus ihnen gelangen sie ins Strandgeröll und zählen hier zu den relativ häufigen Funden.

Fossilien ganz unterschiedlicher Art, von völlig verschiedenem geologischen Alter, sehr unterschiedlichen Erhaltungszustand kann man nebeneinander im Strandgeröll der Ostsee finden. Manche Fossilien sind fast bis zur Unkenntlichkeit abgerollt, andere dagegen vorzüglich erhalten. Bei der Suche braucht man neben Geduld auch ein gutes Auge. Das kann man schulen. Diese Fotos tragen vielleicht etwas dazu bei.
(Länge der Fundstücke ca. 1 - 8 cm)

FOSSILIEN

Fossilien – Versteinerungen – sind die Reste vorzeitlicher Lebewesen, meist von Tieren, die heute längst ausgestorben sind. Erhalten wurden diese Reste zum größten Teil in Ablagerungsgesteinen, die am Meeresboden entstanden, meist in Kalkstein, Feuerstein oder Sandstein.

Als Fossilien blieben meist nur die stabilen Hartteile wirbelloser Meerestiere zurück. Die Art ihrer Erhaltung kann ganz unterschiedlich sein. Manchmal findet man nur einen **Abdruck** der Schale. Vielfach wurde das einstige Gehäuse des Tieres mit Kalk oder Feuerstein gefüllt. So entstand ein **Steinkern**. Recht oft blieb auch das Kalkgehäuse eines Tieres erhalten. Bei dieser **Schalenerhaltung** kann im Inneren auch noch ein Steinkern vorhanden sein.

Manchmal wurden von den Tieren nur Zeugnisse ihrer Bewegungen erhalten. Diese **Spurenfossilien** entstanden beim Graben, Wühlen oder Fressen der Tiere am Meeresboden.

Die Fossilien im Strandgeröll der Ostseeküste sind versteinertes Leben aus mehr als 500 Millionen Jahren Erdgeschichte. Besonders fossilreich sind die Kalksteine aus dem Ordovizium und Silur (S. 56 - 59).

Die weitaus meisten Fossilien, die an den Stränden gefunden werden, stammen aber aus der Kreidezeit. Es sind überwiegend Fossilien aus der etwa 67 Millionen Jahre alten Schreibkreide (S. 38 - 55), die auf Rügen und Møn die markanten Kliffe bildet und auch im Untergrund des Küstengebietes weit verbreitet ist.

Die auf den folgenden Seiten abgebildeten Fossilien sind meist keine perfekten „Museumsstücke", sondern Exemplare von recht unterschiedlicher Erhaltung, viele auch abgerollt oder nur in Bruchstücken erhalten – so wie man sie im Strandgeröll findet.

FOSSILIEN AUS DER SCHREIBKREIDE

Ihre größten Vertreter

Zu den größten Tieren, die am Boden des Kreidemeeres lebten, zählen Dickmuscheln, Steckmuscheln und Seeigel. Ihre Reste gehören zu den besonders großen Schreibkreide-Fossilien, die man finden kann.

Die massiven Schalen der zu den Austern gehörenden **Dickmuscheln** werden in ihrer Dimension kaum von einem anderen Strandfossil übertroffen. Bis zu zweieinhalb Zentimeter dick kann ihre Schale sein. Ihre Form weicht von der „normaler" Muscheln stark ab: Eine der beiden Schalenhälften ist oft größer als eine Männerhand, stark gewölbt und eben ungewöhnlich dick. Die andere dagegen bleibt stets viel kleiner und dünner. Sie liegt leicht konkav in der großen. Der Weichkörper des Tieres nahm, im Vergleich zur massigen Schale, nur einen relativ geringen Raum ein.

Viel seltener sind die **Steckmuscheln**, die nur eine sehr dünne Schale haben und nur dann erhalten bleiben, wenn sie einen Feuersteinkern besitzen. Raritäten sind die **Zackenaustern** mit ihrer stark berippten Schale.

Gar nicht selten sind die Steinkerne großer **Seeigel**. Frisch aus der Kreide herausgewaschen, zeigen sie oft noch die Reste ihrer Kalkschale. Manchmal ist diese sogar noch komplett erhalten – so wie es das Foto zeigt. Beim Hin- und Herrollen in der Brandung wird die weiße Schale aber alsbald abgeschliffen. Zurück bleibt dann der sehr harte, dunkle Feuersteinkern mit seiner attraktiven fünfstrahligen Zeichnung.

SEEIGEL

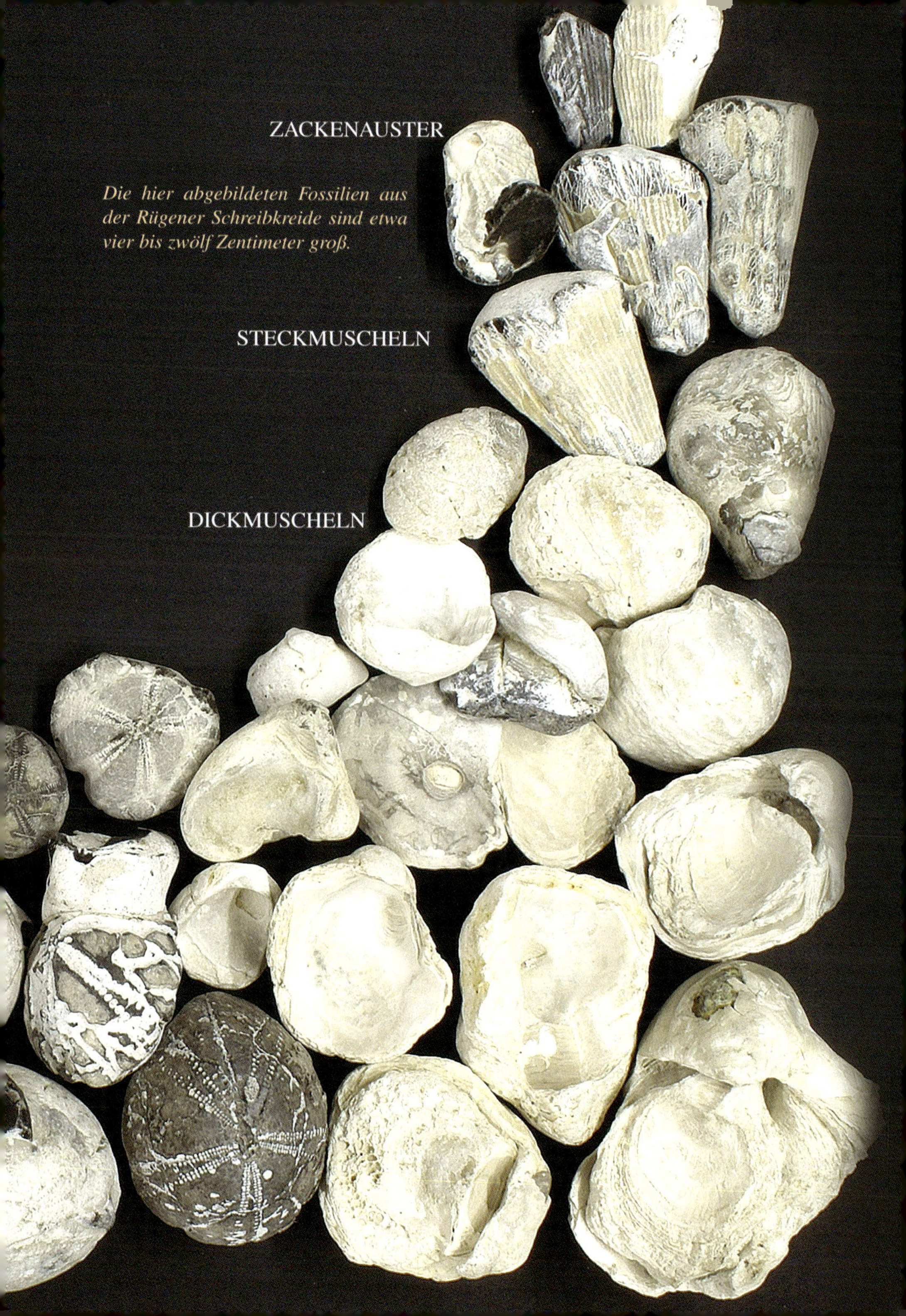

Die hier abgebildeten Fossilien aus der Rügener Schreibkreide sind etwa vier bis zwölf Zentimeter groß.

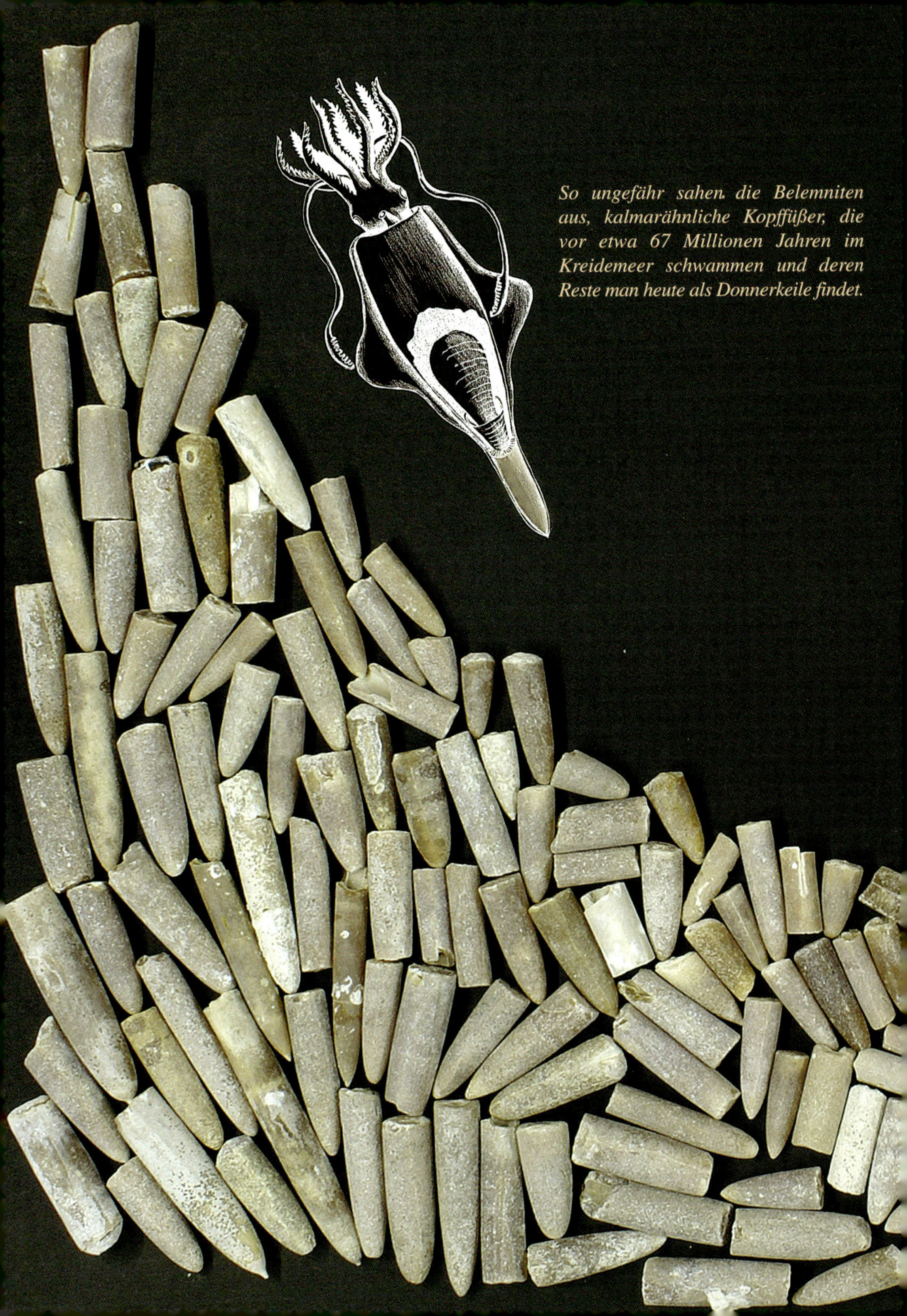

So ungefähr sahen die Belemniten aus, kalmarähnliche Kopffüßer, die vor etwa 67 Millionen Jahren im Kreidemeer schwammen und deren Reste man heute als Donnerkeile findet.

DONNERKEILE

Die am häufigsten gefundenen Fossilien

Fast jeder hat schon einmal einen Donnerkeil gefunden. Diese eigenartigen Gebilde sind auf dieser Seite in ganz verschiedener Erhaltung abgebildet. Donnerkeile sind Reste von Kopffüßern, die den heute lebenden Kalmaren sehr ähnlich waren – so wie es die Zeichnung zeigt. Von deren Innenskelett blieb nur das aus gelblichem Kalk bestehende Rostrum übrig. Ganz exakt heißt ein Donnerkeil also „Belemnitenrostrum".

Belemniten lebten in großer Zahl im Freiwasser des Kreidemeeres. Am Ende der Kreidezeit starben sie aus – so wie zahlreiche andere Tiergruppen.

Am häufigsten werden Donnerkeile an den Feuerstein-Geröllstränden der Kreideküste gefunden, denn sie stammen ja aus der Schreibkreide. Aber auch an vielen anderen Stränden gibt es sie.

Der eigenartige Name stammt aus alter Zeit, in der man die Herkunft dieser Gebilde dem germanischen Gott Donar zuschrieb, der auch Gewitter, Blitz und Donner schickte. Die „Donar-Keile" wurden als die Spitzen der von Donar geschleuderten Blitze angesehen. Aus Donarkeilen wurden schließlich Donnerkeile.

Donnerkeile zählen zu den häufigsten Strandfunden. Meist sind sie aber stark abgerollt. Von einem gelblichen Kieselstein kann man sie gut unterscheiden. Ein Donnerkeil lässt sich leicht mit dem Messer ritzen – ein Kieselstein nicht.

Die längsten der hier abgebildeten Donnerkeile messen 11 cm.

Feuersteinkerne kleiner Seeigel, etwa zwei bis drei Zentimeter groß. Bei den weißen Exemplaren haftet auf dem Steinkern noch die ursprüngliche, sehr dünne und zerbrechliche Kalkschale. Ohne den Steinkern wäre diese längst zerfallen.

STEINKERNE VON SEEIGELN

Die begehrtesten Strandfunde

Es sind mit Sicherheit die populärsten Versteinerungen der Geröllstrände. Und sie lassen das Herz der Finder besonders hoch schlagen – die wunderschön gezeichneten Steinkerne kleiner Seeigel. Bei manchem Strandsammler steht das Bild eines solchen Fundes sicher ganz allgemein für „Fossil".

Obwohl sie eigentlich aus der Schreibkreide stammen, findet man sie doch oft auch an ganz anderer Stelle, so am Weststrand der Halbinsel Darß, weitab von der Kreideküste, fern von allen Steilufern. Sie haben also bereits eine weite Küstenwanderung hinter sich. Vergleicht man solche Funde mit den frisch aus der Schreibkreide herausgewaschenen, so erkennt man deutliche Unterschiede. Bei denen aus der Schreibkreide haftet zuerst noch die weiße Kalkschale an (Exemplare links oben). Diese Schale wird dann in der Brandung langsam abgeschliffen, sodass die fünfstrahlige Zeichnung mehr und mehr zum Vorschein kommt. Nun ist der Steinkern am schönsten. Je länger er aber weiterhin in der Brandung bearbeitet wird, umso mehr verblasst diese Zeichnung.

Oft stammen solche Seeigelsteinkerne, die am Geröllstrand gefunden werden, allerdings gar nicht direkt aus der Schreibkreide, sondern aus eiszeitlichen Ablagerungen. Sie hatten also bereits eine bewegte Vorgeschichte. Solche Exemplare zeigen nicht selten eine sehr starke Abrollung. Werden sie dann auch noch weiter abgeschliffen, so bleibt vom Steinkern nur noch die äußere Form, die entfernt an einen Seeigel erinnert (Exemplare rechts unten).

RARITÄTEN AUS DER SCHREIBKREIDE

Die wirklichen Seltenheiten

Auf diesen beiden Seiten werden Fossilien gezeigt, von denen man träumen darf. Gefunden werden sie äußerst selten und meist gerade dann, wenn man gar nicht damit rechnet. Kronenseeigel in unterschiedlicher Erhaltung zählen zu den echten Seltenheiten. Ein solches Exemplar mit kompletter Kalkschale, wie im Kreis abgebildet, ist eine absolute Rarität. Doch auch dieses echte Museumsstück (es liegt im NATUREUM Darßer Ort in der Ausstellung) wurde – so wie es ist – im Strandgeröll gefunden, gerade eben aus der Schreibkreide ausgespült.

Ähnlich wie bei allen anderen Seeigeln bleibt auch die Schale von Kronenseeigeln, wenn sie vom Wasser aus der Kreide herausgespült wird, nur dann heil, wenn sie fest auf einem Feuersteinkern sitzt. Andernfalls zerfällt sie in Einzelteile. Und gerade die sind bei Kronenseeigeln auch ganz für sich allein schon attraktiv. Die charakteristischen fünfseitigen Platten mit ihrer Warze in der Mitte gehören zu den markantesten Kleinfossilien. Sie werden auf Seite 52 zusammen mit den Stacheln gezeigt, die den Seeigeln meist kurze Zeit nach ihrem Tode abfielen.

Viel Sammlerglück gehört auch dazu, einen solchen Herzseeigel (unten) zu finden.
(Größe der Fundstücke auf dieser Doppelseite etwa 3 bis 5 cm)

SCHWÄMME

Fossilien aus Kieselsäure oder Kalk

Am Grunde des Kreidemeeres wuchsen Schwämme in großer Zahl. Dabei erreichten die keulen-, gurken-, becher-, kelch- oder napfförmigen **Kieselschwämme** manchmal beachtliche Dimensionen. Sie blieben oft als eigenartig geformte Feuersteinknollen erhalten, die mit ihren besonderen Mustern, mit Längsstreifung, Netz- oder Punktstrukuren sofort auffallen. Die Schwammnadeln – das feine Skelett der Kieselschwämme – bestand übrigens aus der gleichen Substanz wie der Feuerstein: aus Kieselsäure. Nach dem Absterben der Tiere wurden die Schwammnadeln vielfach aufgelöst, ganz ähnlich wie die mikroskopisch kleinen Schalen der Kieselalgen. Aus dieser Kieselsäurelösung entstand später der Feuerstein (S. 24).

Ganz anders als die Kieselschwämme erscheinen die kleinen weißen Kalkkügelchen, die man recht häufig als Kleinfossilien findet. Dabei handelt es sich um **Kalkschwämme**, die meist einen Durchmesser von nur fünf bis 15 Millimeter und eine feine Porenstruktur an der Oberfläche besitzen. Oft haben sie in der Mitte ein kreisrundes Loch, dessen Entstehung möglicherweise recht einfach zu erklären ist. Diese kleinen Schwämme wuchsen – so wie heute kleine Hornschwämme – um die Stengel von Meeres-Großalgen, also von Tang. Davon blieb natürlich kein Rest, sondern nur das Loch im Schwamm. Zu den Kalkschwämmen zählen auch die kleinen unregelmäßig-wulstigen Kalkgebilde, die man an gleicher Stelle, aber seltener findet.

KALKSCHWÄMME

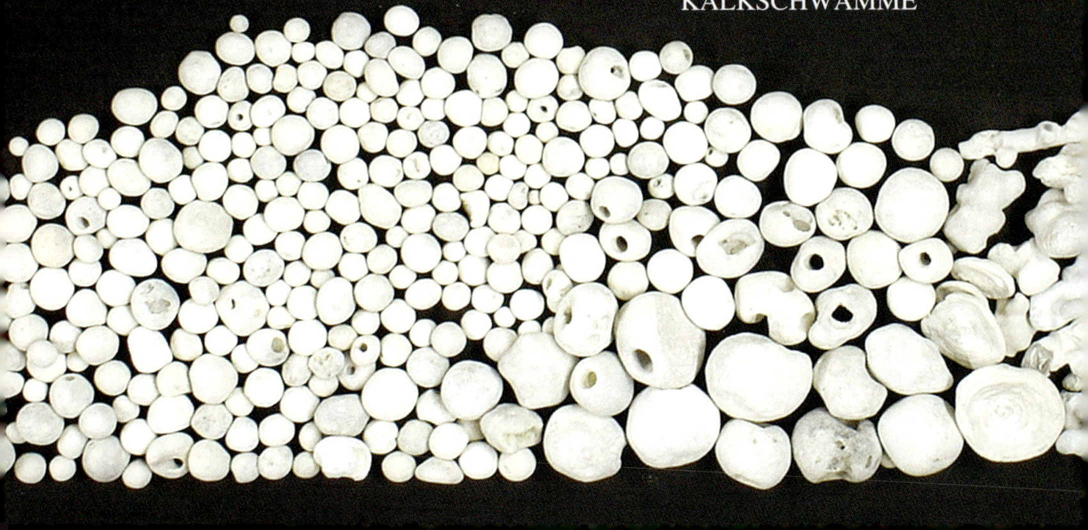

Schwämme aus der Schreibkreide: auf der linken Seite die weißen Kalkschwamm-Kügelchen, ø etwa 0,5 bis 1,5 cm; rechts die sehr unregelmäßig geformten Reste von Kieselschwämmen – das längste Stück misst 15 cm.

KLAPPERSTEINE

Eine seltene geologische Kuriosität

Auch Klappersteine gehören zu den Fossilien – jedenfalls ihr Kern. Diese originellen Gebilde zählen sicher zu den begehrtesten Strandfunden. Klappersteine geben tatsächlich beim Schütteln ein klapperndes Geräusch von sich . Was da in der meist kugelrunden Feuersteinhülle klappert, ist ein kleiner runder **Kieselschwamm**, der darin frei beweglich ist. Dieser besaß zu Lebzeiten viele kleine Fortsätze, zwischen die sich später Schreibkreide lagerte. Darum bildete sich anschließend die Feuersteinhülle. Diese kugeligen Feuersteine werden nun aus der Schreibkreide herausgespült und von der Brandung ständig bewegt. Da die Hülle oft kleine Löcher besitzt, kann das Wasser die dünne Kreideschicht zwischen Schwamm und Feuersteinhülle auswaschen. Auf diese Weise wird der Schwamm beweglich und klappert. Es kann aber sein, dass sich das Klappern erst dann einstellt, wenn das Wasser ausgelaufen und der Fund völlig trocken ist.

Aber: Viele Schwämme dieser Art sind ganz fest mit ihrer Hülle verwachsen und klappern daher nicht. Von außen ist leider nie zu erkennen, wie es im Inneren aussieht.

Klappersteine zu finden, ist recht schwierig. Dort, wo es sie eigentlich geben müsste – im Feuersteingeröll des Strandes vor der rügenschen Kreideküste auf Jasmund – werden sie nur höchst selten gefunden. Häufiger sind sie am Geröllstrand von Kap Arkona, besonders aber an den Kreidekliffen von Møns Klint. Vielfach werden nur die bereits stark abgeschliffenen Halbschalen der zersprungenen Feuersteinhüllen gefunden.

Klappersteine und unterschiedlich erhaltene Reste von Klappersteinen – manche der aufgesprungenen Exemplare zeigen sehr deutlich das "Innenleben": den kleinen Kieselschwamm.
(ø der Funde etwa 2 - 7 cm)

KLEINFOSSILIEN
Funde aus dem Strandkies

Mancher Strandwanderer an der Kreideküste beendete seine Sammeltour enttäuscht ohne einen einzigen Fund. Dabei trat er bei der Wanderung möglicherweise einige interessante Fossilien sogar mit Füßen – Kleinfossilien, die nicht auf den ersten Blick und nicht beim langsamen Gang über den Strand zu entdecken sind. Die Größe dieser Objekte liegt meist zwischen fünf Millimetern und zwei Zentimetern. Um sie zu finden, muss man natürlich stehen bleiben und sich bücken.

Am häufigsten liegen sie auf jenen kleinen Kiesflächen, die sich besonders dort finden, wo in der Nähe frische Kreideabbrüche vom Wasser aufgearbeitet werden. Diese Kleinfossilien (nicht zu verwechseln mit den mikroskopisch kleinen Mikrofossilien) können sowohl vollständig erhaltene Exemplare kleiner Meerestiere als auch die „Bauteile" größerer sein. Die häufigsten werden auf den beiden folgenden Doppelseiten abgebildet und beschrieben. Zu diesen Kleinfossilien zählen auch die Kalkschwämmchen von Seite 46.

Mit entsprechender Geduld ist es manchmal durchaus möglich, bei einer Wanderung vielleicht 50 oder gar 100 solcher Kleinfossilien aufzulesen wie sie auf dieser Doppelseite massenweise zu sehen sind. Diese Funde passen natürlich oft in eine hohle Hand. Sie haben aber den großen Vorteil, dass sie zu Hause nur wenig Platz beanspruchen.

Kleinfossilien aus der Schreibkreide (ø der Funde etwa 0,3 - 2 cm)

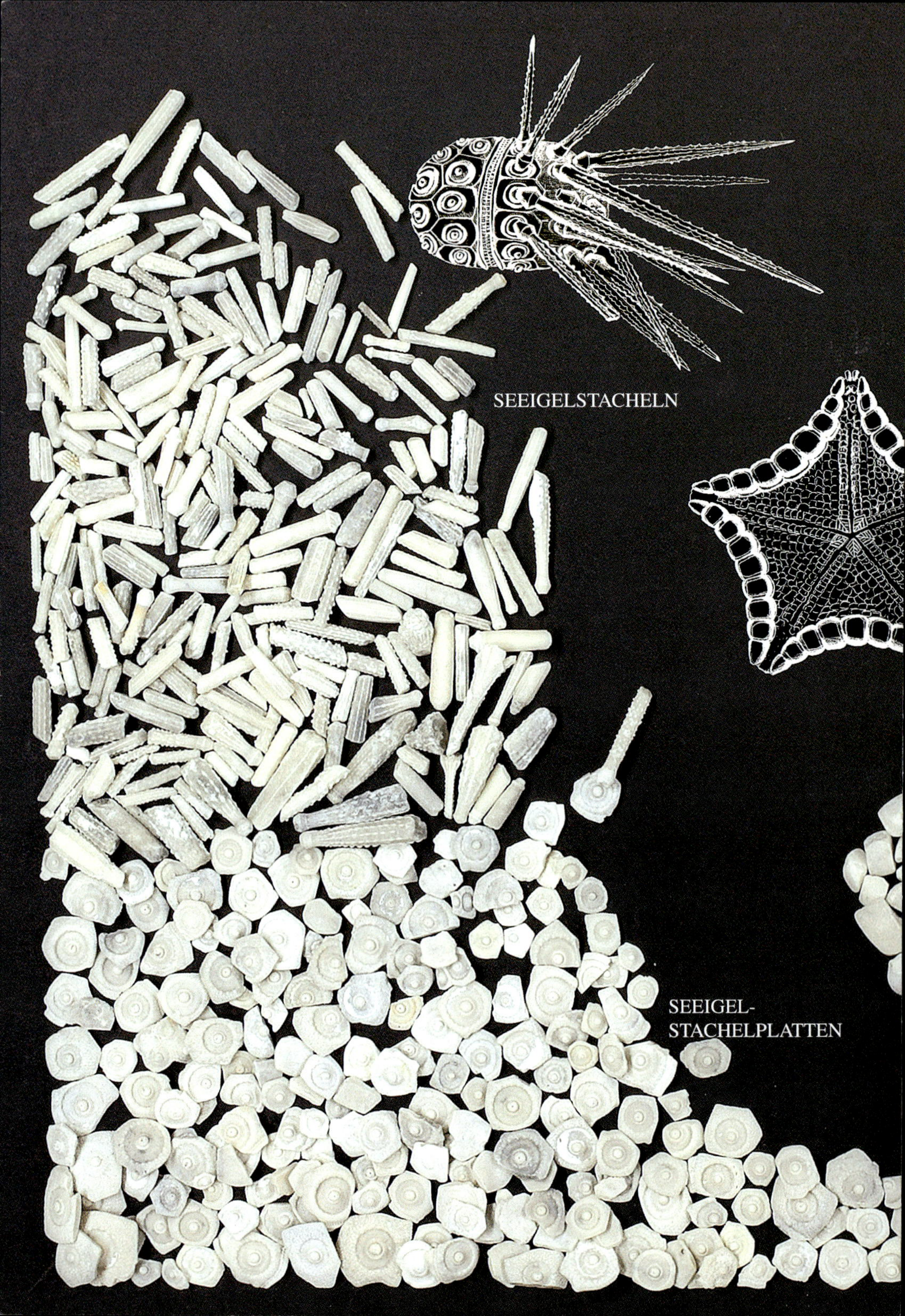
SEEIGELSTACHELN
SEEIGEL-
STACHELPLATTEN

SEEIGEL, SEESTERNE, SEELILIEN

Zerfallen in Einzelteile

Die meisten Kleinfossilien, die sich im Kies zwischen dem Feuersteingeröll der Kreideküste finden, stammen von Stachelhäutern – von Seeigeln, Seesternen und Seelilien. Die Kalkskelette dieser am Grunde des Kreidemeeres lebenden wirbellosen Tiere zerfielen meist nach ihrem Absterben in nur wenige Millimeter große Einzelteile.

Die Stacheln und Stachelplatten von Kronen-Seeigeln, die Randplatten von Kissen-Seesternen und die Stielglieder von Seelilien sind oft ganz unterschiedlich geformt und besitzen vielfach interessante Strukturen. Die Zeichnungen demonstrieren, wie die Tiere einst aussahen.

Kleinfossilien aus der Schreibkreide (ø der Funde etwa 0,2 - 2 cm)

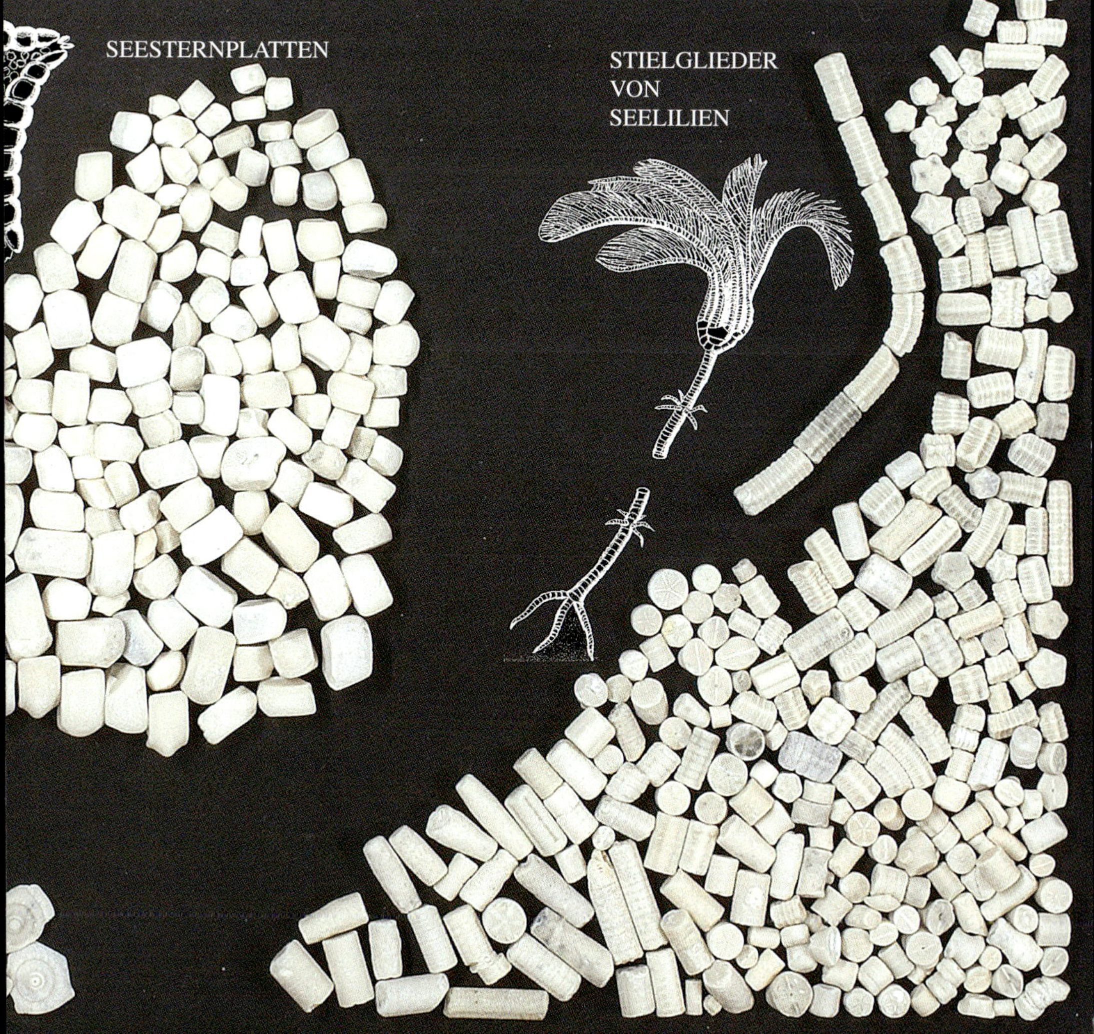

Die meist hornartig gebogenen **Einzelkorallen** mit ihren kräftigen, strahlig angeordneten Rippen im Inneren sind etwa ein bis vier Zentimeter groß und gehören zu den größten der Kleinfossilien.

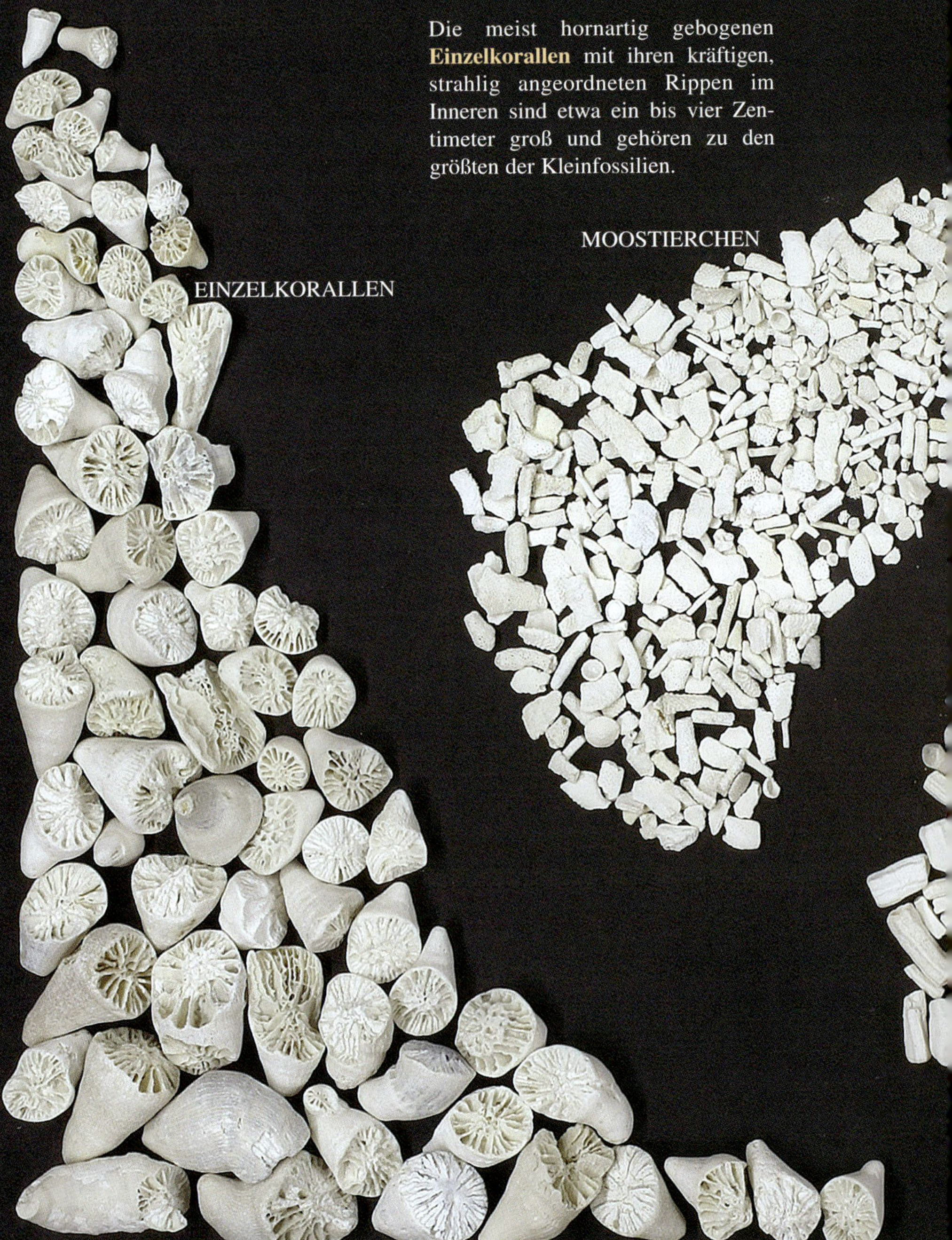

KLEINFOSSILIEN DER SCHREIBKREIDE

Korallen, Moostierchen, Wurmröhren, Armfüßer

Die winzigen **Moostierchen** lebten in riesiger Zahl am Boden des Kreidemeeres, viele auch auf harter Unterlage aufsitzend. Die stabilsten Teile ihrer frei gewachsenen Kalkästchen oder -blättchen sind nur wenige Millimeter groß.

Sehr eigenartig geformt sind die **Kalkröhren von Röhrenwürmern**. Die **Armfüßer** gibt es in zahlreichen Arten mit sehr unterschiedlicher Größe.

WURMRÖHREN

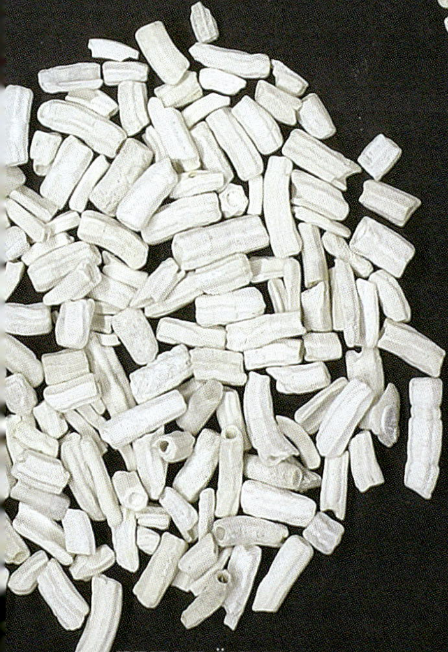

WURMRÖHREN

ARMFÜSSER

REKONSTRUKTIO
EINES
„GERADHORNS"

ÖLANDSTEIN

Kalkstein mit charakteristischen Kopffüßern

Zu den häufigsten Fossilfunden, die nicht aus der Schreibkreide stammen, zählen die in rotbraunen, seltener in grauen Kalksteinen eingeschlossenen Versteinerungen mit einer charakteristischen Kammerung – so wie hier abgebildet. Dabei handelt es sich um Einschlüsse von Kopffüßern, die vor etwa 480 Millionen Jahren, im Ordovizium, in großer Zahl im Freiwasser des Meeres schwammen. Die Grafik zeigt die Rekonstruktion eines solchen „Geradhorns". Oft erkennt man die Anschnitte ihrer langgestreckten, meist fingerdicken Gehäuse an der weißlichen Zeichnung im Gestein. Solcher Kalkstein wird besonders auf der Insel Öland gefunden und daher auch „Ölandstein" genannt.

Fachleute bezeichnen diesen Kalkstein, der auch in Mittelschweden vorkommt, als „Orthocerenkalk". Diese Bezeichnung rührt her vom Begriff „Orthoceras" (Mehrzahl: „Orthoceren"), dem lateinischen Namen für „Geradhorn".

Zu den seltenen Funden aus dem Ölandstein gehören die Reste von Dreilappkrebsen (Trilobiten). Die drei unten abgebildeten Kalksteingerölle lassen deutlich die dreigeteilten Schwanzschilde dieser längst ausgestorbenen Krebstiere erkennen.

SCHWANZSCHILDE VON TRILOBITEN

Ölandstein-Gerölle mit den Resten der Gehäuse von „Geradhörnern" (Länge etwa 3 - 12 cm)
Im Kreis: angeschliffenes und poliertes Ölandstein-Geschiebe (ø ca. 12 cm)

AUS DEN KORALLENRIFFEN

Silur-Fossilien

Zahlreiche hellgraue Kalksteingerölle lassen bei genauerer Betrachtung erkennen, dass in ihnen Fossilien enthalten sind. Stücke mit einer feinen Wabenstruktur an der Oberfläche erweisen sich nicht selten als abgerollte Korallenstöcke – 420 Millionen Jahre alt. Damals wuchsen tatsächlich Korallenriffe im heutigen Ostseeraum, denn zu dieser Zeit herrschte hier tropisches Klima – das Gebiet lag ganz in der Nähe des Äquators.

Fossilreiche Kalke gibt es hauptsächlich auf der Insel Gotland. Von dort brachte sie das Inlandeis mit. Neben den Korallenstöcken findet man auch Einzelkorallen. Manche davon, die „Kuhhornkorallen", ähneln in ihrer äußeren Form den kleinen Einzelkorallen aus der Schreibkreide. Viel seltener sind die abgerollten Reste von Kopffüßern, ähnlich den „Geradhörnern" aus dem Ölandstein.

Recht häufig gibt es graue Kalksteine, die auf der Oberfläche kleine „Muschelabdrücke" zeigen. Die Muscheln erweisen sich bei genauerer Betrachtung allerdings als Armfüßer. Solche nur wenige Millimeter großen Armfüßer, die durch ihre kräftigen Rippen auffallen, findet man auch hin und wieder als Kleinfossilien im Strandkies, besonders vor aktiven Steilufern aus Geschiebemergel oder -lehm. An den Geröllstränden solcher Küstenabschnitte gibt es auch die meisten der fossilreichen Silur-Kalksteine. Dort sind dann die „fortgeschrittenen" Sammler unterwegs, die aus solchen Kalksteinen zu Hause durch sorgfältiges Präparieren oft fantastische Fossilien zu Tage fördern. Durch einfaches Zerschlagen der Steine mit dem Hammer werden diese meist zerstört.

EINZELKORALLEN

HERAUSGEWITTERTE ARMFÜSSER

Abgerollte Silurfossilien von den Geröllstränden auf den Inseln Rügen und Hiddensee
(größte Länge der Stücke etwa 8 cm)

SCHALEN IM SANDSTEIN

Braun-weißer Kontrast

Neben den fossilreichen Kalksteinen gibt es auch manche dunklen, oberflächlich braunen bis rotbraunen Sandsteine, in denen zahlreiche weißliche Schalenreste zu finden sind. Sie fallen im Strandgeröll sofort auf und bleiben daher auch nicht lange unentdeckt. Es handelt sich dabei um zwei einander sehr ähnliche eisenreiche, teilweise auch kalkige Sandsteinarten: Eine stammt aus dem Jura und ist rund 160 Millionen Jahre alt. Die andere entstand im Tertiär und zählt nur etwa 30 Millionen Jahre.

Beide Sandsteine sind Flachwasserbildungen, „fossile Meeresböden". Der Jurasandstein enthält eine Vielzahl verschiedener Schalenreste. Sobald ein intensiver Perlmuttglanz zu erkennen ist, kann man sicher sein, ein solches Exemplar gefunden zu haben. Denn derartige Perlmuttschalen stammen von Ammoniten, die im Tertiär längst ausgestorben waren. Diese Jurasandsteine gibt es besonders ganz im Osten, an den wenigen Geröllstränden der Insel Usedom.

Der Tertiärsandstein fällt dagegen dadurch auf, dass in ihm oft wunderschön erhaltene, weißschalige Turmschnecken zu finden sind, die den Stücken ein besonders dekoratives Aussehen verleihen.

Die Beliebtheit dieser Sandsteingerölle erkennt man auch daran, dass viele zerschlagene Stücke gefunden werden. Es ist gut, jedes einzeln zu begutachten, denn oft blieben beim Zerschlagen durch die „Profis" kleine, aber sehr interessante Bruchstücke unbeachtet.

Sandsteingerölle aus Jura und Tertiär: die mit den Turmschnecken (auch im Kreis) stammen aus dem Tertiär (ø des größten Stückes 11 cm)

SPURENFOSSILIEN

Grabgänge im Sandstein

Zur großen Gruppe der Fossilien zählen auch die Lebensspuren – entstanden durch Graben, Wühlen oder Fressen von Organismen im Meeresgrund, oft im Sandboden. Verfestigt sich dieser zu Sandstein, so bleiben die Spuren erhalten. Während bei einigen dieser Spurenfossilien die Urheber sehr genau bekannt sind, gibt es für andere keine genaue Erklärung. Das trifft zu für die Spuren in einem sehr alten, besonders harten Sandstein, auf den man oft an den Geröllstränden trifft. Dieser weißliche bis gelbliche **Skolithen-Sandstein** zeigt charakteristische röhrenartige dunklere Spuren, die senkrecht zur Schichtung verlaufen. Man nimmt an, dass sie von wurmartigen Organismen stammen. Entstanden ist dieser Sandstein vor rund 540 Millionen Jahren im unteren Kambrium. Er kommt in Schweden vor – in Schonen und am Kalmarsund.

Ganz anders als der Skolithen-Sandstein sind die hellgrauen oder bräunlichen Sandsteingebilde beschaffen, deren Form im Strandgeröll sofort auffällt: länglich-rundliche Gebilde mit warzigen-höckrigen Erhebungen. Das sind die „Einlagen" von Röhren, die ebenfalls hin und wieder erhalten sind und an ihrer Innenwand kleine grubige Vertiefungen besitzen. Das Ganze ist eine **Krebs-Wohnröhre.** Sie stammt von einem kleinen Meereskrebs bzw. von einer Krabbe. Einen deutschen Namen für dieses Gebilde gibt es leider nicht, dafür aber einen sehr schönen lateinischen: Ophiomorpha nodosa. Entstanden ist die eigenartige Lebensspur hauptsächlich im Tertiär.

Gerölle mit Lebensspuren, die im Strandgeröll besonders auffallen: Skolithen-Sandsteine (linke Seite) und Krebs-Wohnröhren (unten) (Länge des größten Stückes 14 cm)

BERNSTEIN

Dass dem Bernstein ein eigenes Kapitel gewidmet wird, hat gute Gründe: Im Vergleich zu allen anderen Strandsteinen ist er viel leichter und viel weicher. Trotzdem ist Bernstein natürlich ein Gestein. Er zählt – wie die Kohlen – zur Gruppe der brennbaren Gesteine. Seine spezifischen Eigenschaften führen dazu, dass man ihn nicht zwischen den anderen Steinen im Strandgeröll findet, sondern an Sandstränden.

Bernstein besitzt als verfestigtes Harz eine geringe Dichte, die nur wenig über der des Meereswassers liegt. Daher gelangt er bei Sturm in Schwebe und wird im Spiel der Wellen hin- und hergerissen. Lässt die Kraft des Windes nach, so bleibt er manchmal am Sandstrand zurück. Dort liegt er dann im Angespül, das etwa die gleiche Dichte hat – hauptsächlich Holzreste und kohliges Material – „Rollholz", das ungefähr so aussieht wie es das Arrangement unten zeigt. Bernstein findet man prinzipiell an allen Sandstränden, hauptsächlich an der Außenküste. Am häufigsten kommt er auf der Insel Usedom, den Sandstränden der Ostküste Rügens, auf der Insel Hiddensee sowie der Halbinsel Fischland-Darß-Zingst vor. Die besten Fundmöglichkeiten bestehen im Winterhalbjahr unmittelbar nach einem auflandigen Sturm. Dann heißt es allerdings, rechtzeitig zur Stelle zu sein, denn die Zahl der Interessenten ist groß – vielfach herrscht an den besonders fündigen Stränden regelrechte Goldgräberstimmung. Trotzdem hat auch die „Nachlese" manchmal noch Erfolg. Dabei wird das Rollholz gründlich durchgesucht und oft so manches schöne Stück gefunden, das anfangs übersehen wurde.

Im Kreis: „Gold der Ostsee" – kleine Bernsteinstückchen aus dem Rollholz, etwa einen Zentimeter groß – so wie man sie auch noch bei der „Nachlese" finden kann.

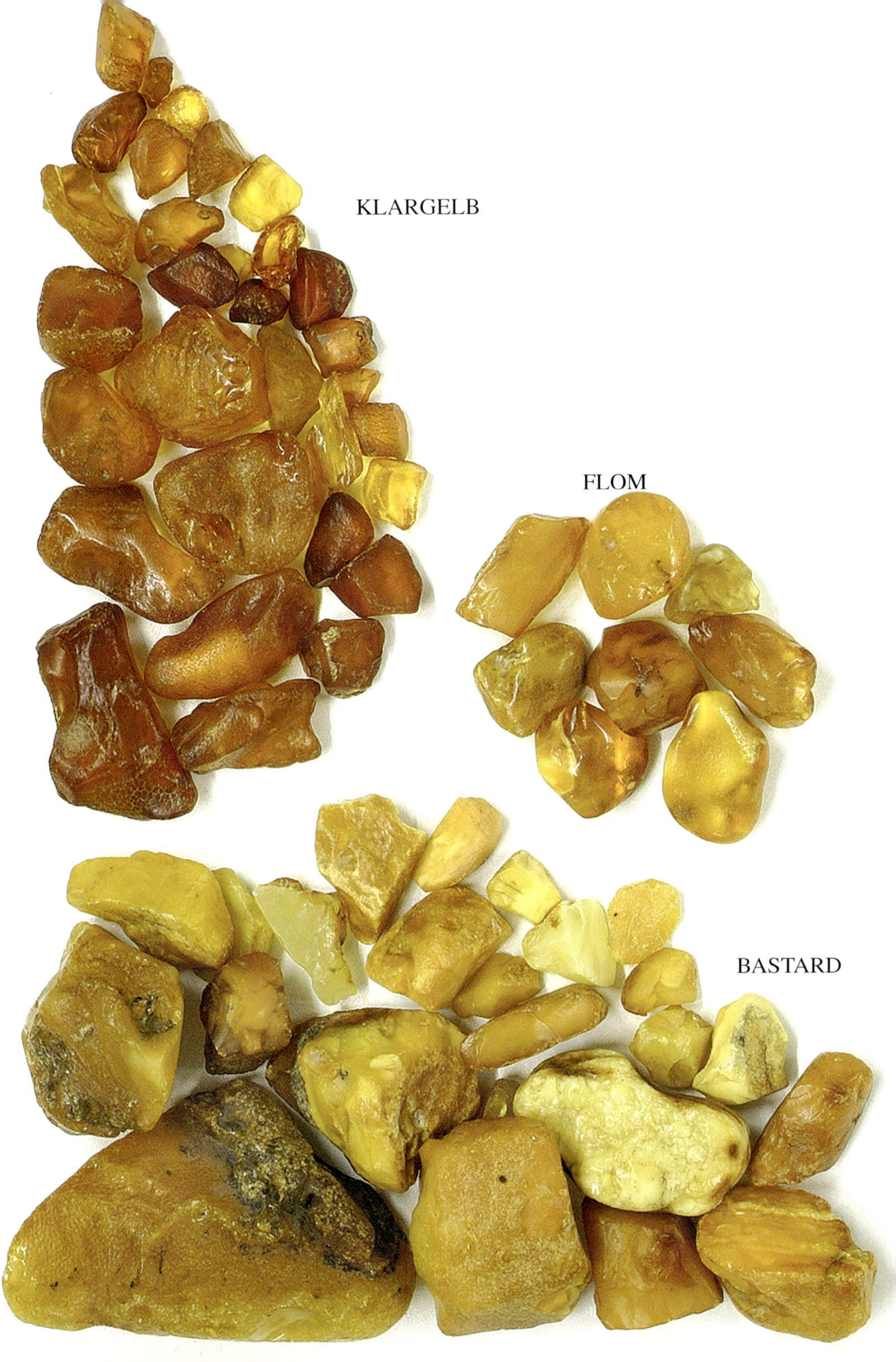
KLARGELB
FLOM
BASTARD

„GOLD DER OSTSEE"

Die Spielarten des Bernsteins

Bernstein mit seinem warmen Glanz ist ein wunderschönes Gestein – kein kaltes Mineral. Und er zeigt verschiedene Spielarten, Varietäten, von der jede ihren Reiz hat. Besonders begehrt ist die klargelbe Varietät, die leider auch die sprödeste ist und daher nur selten in größeren Stücken gefunden wird. Dafür gibt es unter den kleineren Funden recht häufig klare Exemplare.

„Flom" und „Bastard" sind alte Handelsbezeichnungen für teilweise bzw. völlig getrübten Bernstein. Diese Trübung wird verursacht durch Millionen mikroskopisch kleiner Bläschen, Zellsafttröpfchen, die auch das Harz heutiger Bäume durchsetzen. In der als „Knochen" bezeichneten weißlichgelben Varietät ist ihre Zahl noch größer. Im „Brack" sind viele kleine kohlige Partikelchen eingeschlossen. Dadurch erscheint diese Varietät wie verschmutzt.

Bernstein ist ein weiches Material. Er lässt sich leicht schleifen, polieren, bohren und sogar sägen. Daher kann man seine eigenen Bernsteinfunde auch problemlos selbst bearbeiten. Die gefundenen Bernsteinbröckchen zu durchbohren und zur Kette zu fädeln, bereitet dabei sicher die wenigsten Probleme. Will man Bernstein schleifen, so nimmt man dazu am besten wasserfestes Schleifpapier unterschiedlicher Körnung: Mit grobem wird das Stück geformt, mit ganz feinem nachgeschliffen. Dann poliert man ihn auf einem mit Zahnpasta bestrichenen Lappen.

Die wichtigsten Varietäten – die Spielarten – des Bernsteins in Stücken, die etwa ein bis sechs Zentimeter groß sind und alle aus der Strandlese von der Insel Usedom stammen.

KNOCHEN

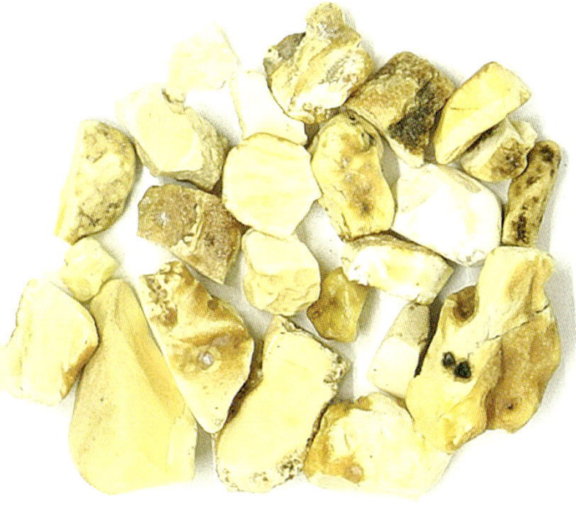

BRACK

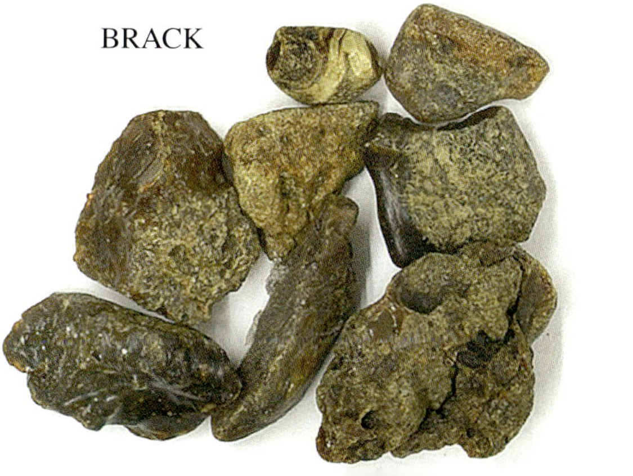

EIN VERSTEINERTES HARZ

Natürliche Absonderungsformen

Wer bei der Bernsteinsuche sehr erfolgreich war und dadurch bereits im Besitz einer größeren Kollektion ist, der wird vielleicht unter seinen Stücken einige Exemplare entdecken, die den auf dieser Seite abgebildeten ähnlich sind. Dabei handelt es sich um Flussformen, entstanden bei der Absonderung des Bernsteins. Sie bildeten sich an den „Bernsteinbäumen", die im Tertiär, vor etwa 40 Millionen Jahren wuchsen. Diese Nadelbäume sonderten ein recht dünnflüssiges Harz ab, das später zu Bernstein erhärtete. Davon erzählen die Flussformen.

Schlauben sind Harzflüsse, die außen am Baum erstarrten und dann durch das Sonnenlicht geklärt wurden. An ihnen klebten vielfach kleine Insekten oder Spinnen fest, die anschließend von einem erneuten Harzfluss eingeschlossen und zu **Inklusen** wurden, zu perfekten Fossilien.

Auch die winzigen **Zapfen**, die ähnlich wie Eiszapfen geformt sind, hingen außen am Baum, an Ästen oder Zweigen. Auch sie wurden im Sonnenlicht geklärt.

Das dünnflüssige Harz tropfte auch auf den Waldboden. Diese **Tropfen** kamen nicht ans Sonnenlicht und blieben daher trübe.

Die oft recht großen **Platten** entstanden „zwischen Baum und Borke" und sind natürlich alle trüb.

Etwa eine Million Jahre dauerte es, bevor aus dem Harz Bernstein wurde. Dazu mußte es aber unter Sauerstoffabschluss im feuchten Waldboden lagern. Später wurde der Bernstein durch Flüsse ins Meer transportiert und dort abgelagert. Dann kam das Inlandeis und arbeitete diese Sedimente auf. So gelangte der Bernstein in eiszeitliche Ablagerungen. Aus ihnen wird er heute ausgewaschen und dann bei Sturm an die Sandstrände gespült.

PLATTEN

TROPFEN

Bernsteininklusen – millimetergroße Einschlüsse kleiner Mücken im Bernstein – 25-fach vergrößert, etwa 40 Millionen Jahre alt.
Wer eine Schlaube findet, sollte seinen Fund genau mit der Lupe betrachten. Es könnte durchaus sein, dass man sonst die winzigen Einschlüsse einfach übersieht.

ZAPFEN

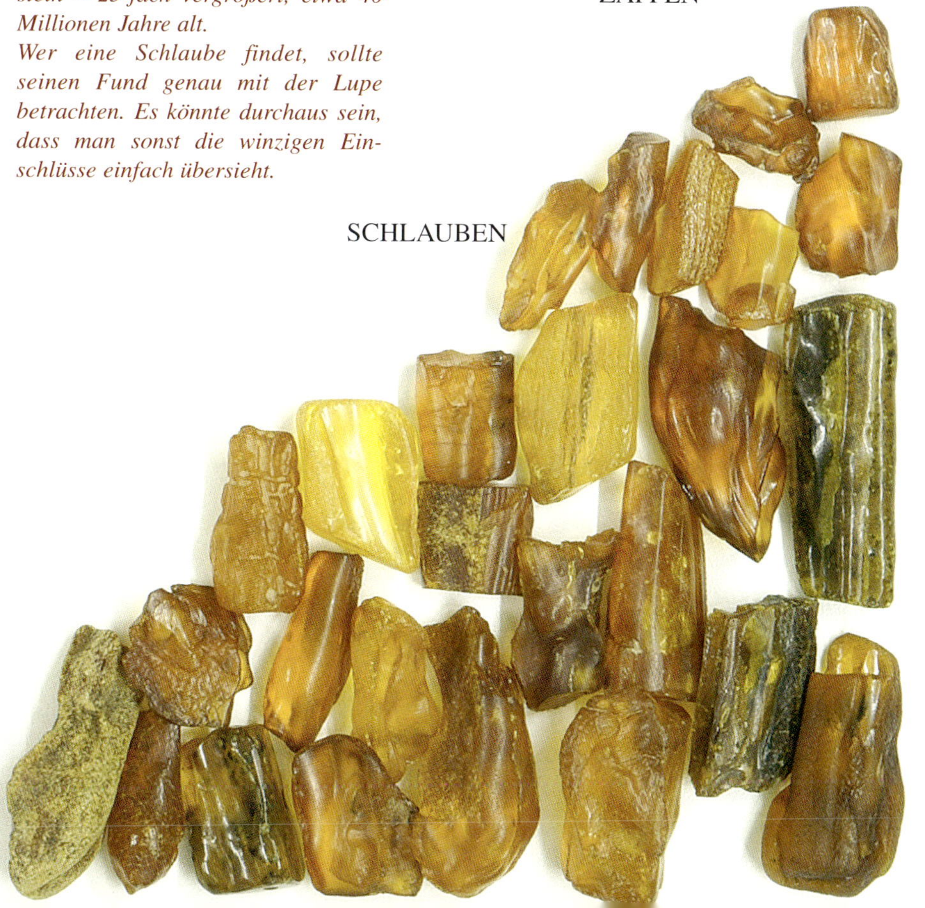

SCHLAUBEN

Alles Bernstein ?
Eine solche Strandlese kann man mit Hilfe der hier empfohlenen Proben leicht auf Echtheit überprüfen.

BRENNPROBE

RITZPROBE

BISSPROBE

WIRKLICH ALLES BERNSTEIN?

Wie man ihn sicher erkennt

Da kommt nun ein glücklicher Finder zurück von der Strandwanderung mit einer Handvoll gelblicher Steine. Er ist skeptisch, ob das alles Bernstein ist. Wie aber am besten prüfen?

Oft empfohlen wird die **Reibeprobe**: Reibt man ein Bernsteinstück auf Stoff aus Seide oder Synthetik, so lädt er sich (als guter Isolator) statisch auf. Dann ist er in der Lage, winzige Papierschnipselchen anzuziehen. Das funktioniert aber erfahrungsgemäß nicht immer und nur bei Stücken, die größer sind als eine Walnuss.

Bernstein brennt: Mit einem Streichholz und etwas Geduld kann man ihn tatsächlich entzünden. Er brennt mit heller, stark leuchtender Flamme. Nach dieser **Brennprobe** hatte man Bernstein. Sein Name rührt übrigens her von seiner Brennbarkeit: „brennen" heißt im Niederdeutschen „börnen". Aus dem „Börnsteen" wurde der Bernstein.

Die **Ritzprobe** mit der Messerspitze oder mit einer Nadel hinterlässt auf dem relativ weichen Bernstein deutliche Kratzer – allerdings auch auf einem abgeschliffenen Donnerkeil, Ein Kieselstein wird dabei nicht geritzt. Auf ihm bleiben nur Metallspuren zurück.

Löst man in einem Trinkglas voll Leitungswasser zwei gehäufte Eßlöffel Kochsalz, so erhält man eine Salzlösung, deren Dichte größer ist als die von Bernstein Bei dieser sehr sicheren **Schwimmprobe** bleiben die Bernsteinstücke an der Oberfläche. Alles andere sinkt sofort zu Boden – in reinem Leitungswasser tut das auch Bernstein.

Bei der **Bissprobe** merkt man recht gut, ob man auf ein Stück Bernstein oder auf einen harten Kieselstein beißt. Dabei wäre zu überlegen, ob die eigenen Zähne dazu wirklich geeignet sind.

SCHWIMMPROBE

MEHR VERSTEHEN

Immer mehr Strandwanderer begeistern sich für Gesteine und Fossilien, die man an der Ostseeküste selbst finden kann. Und so mancher beginnt sich dafür zu interessieren, woher diese Strandsteine denn eigentlich kommen und weshalb es immer neue zu finden gibt.

Die Steine am Strand sind zum überwiegenden Teil so genannte Geschiebe – „Boten aus dem Norden" oder „Souvenirs der Eiszeit" – also vom Eis hierher geschoben. Eingebettet sind sie in den eiszeitlichen Ablagerungen, welche die Steilufer an der südlichen Ostseeküste bilden. Am häufigsten findet man sie im Geschiebemergel oder im Geschiebelehm (großes Foto) der eiszeitlichen Grundmoräne. Darin stecken sie wie die Rosinen im Kuchenteig – so wie es das kleine Foto zeigt.

Feuerstein und Kreidefossilien haben keinen so weiten Weg hinter sich. Sie stammen von den Kreidekliffen auf Rügen und Møn sowie direkt aus dem Untergrund unseres Küstengebietes. Alle Strandsteine kommen also aus den Steilufern. Werden diese zerstört, so trägt das Wasser die feineren Bestandteile der Abbruchmassen weg. Die Steine bleiben übrig. In der Brandung reiben sie sich beständig aneinander. So kommt es, dass sie im Laufe der Zeit abgeschliffen, gerundet und immer kleiner werden. Sind sie nur noch wenige Zentimeter groß (so wie die meisten der in diesem Buch abgebildeten Funde), dann beginnen sie ihre Wanderung. Bei starkem Wellenschlag wandern auch sie – ähnlich wie der Sand – parallel zur Küste. Feineres Geröll trifft man deshalb auch oft weitab der Steilküsten, dem Ursprungsort aller Strandsteine.

*Steilufer aus eiszeitlichem Geschiebelehm am Gänseort auf der Halbinsel Klein Zicker/Mönchgut (Insel Rügen)
Im Kreis (ø ca. 1 m): Geschiebe im nicht verwitterten Geschiebemergel*

WOHER KOMMT DER SAND AM STRAND?

...und was ist eigentlich „Sand"?

Meist werden dieses Fragen erst gestellt, wenn er fehlt. Denn Strandsand ist etwas ganz Selbstverständliches – ohne ihn wäre ein Sommerurlaub kaum vorstellbar.

Betrachtet man den Strandsand mit einer Lupe, so erkennt man, dass die einzelnen Körnchen rund, glatt und weißlich oder farblos sind. Sie alle bestehen aus dem selben Mineral, aus Quarz. An der Erdoberfläche ist Quarz (Siliziumdioxid) das häufigste Mineral. Ursprünglich entstand und entsteht Quarz bei der Bildung magmatischer Gesteine, die aus feurigflüssigen Schmelzen erstarren. In ihnen (z. B. im Granit S. 12) findet man den Quarz als kleine kristalline Körnchen. Sie sind, gegenüber den meisten anderen Mineralen, besonders verwitterungsbeständig und sehr hart. Quarz ist härter als Stahl!

Verwittert nun solch ein quarzhaltiges Gestein, so werden die anderen Minerale zersetzt. Der Quarz bleibt übrig – ein große Masse kleiner Quarzkörnchen. Das fließende Wasser spült sie hinweg, durch Bäche und Flüsse bis zum Meer. Dabei reiben sich die einzelnen Körnchen aneinander und werden so allmählich schön rund und glatt. Sie erhalten also die für ein Sandkorn typische Form.

Die meisten Sandkörner am Ostseestrand sind allerdings nicht auf so direktem Wege hierher gekommen. Sie haben bereits ein viel bewegteres Schicksal hinter sich, denn sie stammen meist aus den eiszeitlichen Ablagerungen. Werden diese von den Steilufern abgetragen, so gelangen große Mengen von Sand ins Meer. Das Wasser trägt den Sand mit sich fort und transportiert ihn parallel zur Küste. Auf diese Weise gelangt der Sand dorthin, wo wir ihn gern sehen: an die weiten Sandstrände unserer Urlaubsküsten. Unterwegs wurde er vom Wasser „gewaschen" und so gut sortiert, dass er fast ausschließlich aus gut gerundeten Quarzkörnchen einheitlicher Größe besteht. Dieser Sand ist ganz locker und sehr porös. Er trocknet schnell und klebt nicht am Körper fest. Dass er aus dem sehr harten Mineral Quarz besteht, merkt man erst, wenn er einmal aus Versehen zwischen die Zähne kommt.

Strandsand mit der Lupe betrachtet: Er besteht fast ausschließlich aus kleinen Quarzkörnchen.

Jeder, der am Strand nach Gesteinen und Fossilien sucht, möchte natürlich auch etwas finden – keine leichte Sache bei der großen Zahl von Strandwanderern mit gleichem Interesse. Rezepte für eine erfolgreiche Suche gibt es nicht, aber günstige Strandabschnitte: alle Geröllstrände vor aktiven Kliffen, also in Abbruch befindliche Steilufer. Dazu zählen in Vorpommern das Dornbusch-Kliff auf Hiddensee, das Fischland-Hochufer zwischen Wustrow und Ahrenshoop, die Steilufer an der Ostküste der Insel Rügen zwischen Sassnitz und Göhren und natürlich die Kreidekliffs auf Jasmund und am Kap Arkona.

In Mecklenburg bieten die Stoltera bei Warnemünde, das Steilufer an der Westseite der Insel Poel und die Küste westlich von Boltenhagen am Groß Klütz Höved immer wieder günstige Fundmöglichkeiten.

An der Ostseeküste von Schleswig-Holstein gehören das Brodtener Ufer bei Travemünde, die Küste westlich Heiligenhafen sowie das Kliff zwischen Stohl und Dänisch Nienhof zu den bevorzugten Revieren der passionierten Sammler.

Auf den benachbarten dänischen Inseln bietet die Kreideküste auf Møn die gleichen Fossilien wie auf Rügen. Auf Møn findet man sogar mehr davon. Auch am Ufer der Gedser Odde auf Falster gibt es gute Fundmöglichkeiten.

Daneben gibt es auch an vielen anderen Geröllstränden der deutschen Ostseeküste – selbst dort, wo man nicht auf frische Abbrüche trifft – ausreichend Fundmöglichkeiten.

Aber: Immer gehört auch Geduld zu einer erfolgreichen Suche.

SUCHEN – FINDEN – SAMMELN

Wo, wann und wie?

Wer mitten in der sommerlichen Hochsaison am Strand sucht, wird unschwer feststellen, dass die Zahl der Sucher und Sammler die Anzahl der interessanten Strandfunde weit übertrifft. Viel besser sind die Fundmöglichkeiten im Frühjahr, wenn durch neue Uferabbrüche frisches Material ins Strandgeröll gelangte. Außerdem schichten die Winterstürme die Strandsteine oft völlig um. Im Frühling zu suchen ist bestimmt eher von Erfolg gekrönt. „Aber wir sind doch nur im Sommerurlaub an der Küste!" sagen da viele Freunde der Strandsteine. Während der Saison bringt das langsame Gehen über das Strandgeröll mit dem nach unten gerichteten Blick leider kaum Erfolg. Besser ist es dann – so wie es die Familie auf dem Foto zeigt – nicht beim Gehen zu suchen, sondern an einer bestimmten Stelle zu verweilen. Auf diese Weise entdeckt man viele Dinge, die man sonst übersieht.

Ein Geologenhammer in der Hand sieht beim Suchen sicher gut aus. Der Sammler, an den sich dieses Buch richtet, braucht ihn ganz bestimmt nicht. Die hier gezeigten Funde wurden alle ohne Hammereinsatz geborgen. Eine Lupe mit zehnfacher Vergrößerung ist dagegen stets richtig. Damit erkennt man interessante Details, beispielsweise an Kleinfossilien. Und simples Zeitungspapier zum Einwickeln der Fundstücke, die leicht in Rucksack oder Tasche zerkratzen, sollte immer dabei sein. Ein besonderer Fund verdient, dass er zu Hause ein Etikett bekommt mit den Daten wann und wo das Stück gefunden wurde – man vergisst so schnell!

MEHR SEHEN UND LESEN

Museen, Ausstellungen, Bücher

Fasziniert von den Strandsteinen und angeregt durch dieses Buch möchte mancher Leser vielleicht die hier abgebildeten Gesteine und Fossilien im Original sehen, um sie dann draußen in der Natur besser zu erkennen. Und um jene besonderen Funde zu bewundern, die passionierte Sammler aus Strandsteinen geborgen haben. Dazu gibt es geologische Expositionen in den folgenden Museen bzw. Ausstellungen an der Ostseeküste oder in deren Nähe:

Schleswig-Holsteinisches Eiszeitmuseum
Lütjenburg
Tel.(04381)415210
www.eiszeitmuseum.de

Museum für Natur und Umwelt
Lübeck
Tel.(0451)1224122
www.luebeck.de

Deutsches Bernsteinmuseum
Ribnitz-Damgarten
Tel. (0321)4622
www.deutsches-bernsteinmuseum.de

Deutsches Meeresmuseum
Stralsund
und Außenstelle
NATUREUM Darßer Ort
Prerow/Darß
Tel. (03831)2650210
www.meeresmuseum.de

Kreidemuseum Gummanz
Gummanz/Rügen
Tel. (038302)56229
www.kreidemuseum.de

Naturwissenschaftliches Museum Eiszeit-Haus
Flensburg Museumsberg 1
Tel.(0461)852504
www.flensburg.de/kultur/museen

Nationalparkhaus Vitte
Vitte/Hiddensee
Tel.(038300)68041
www.nationalpark-vorpommersche-boddenlanschaft.de

Nationalparkhaus Königsstuhl
Stubbenkammer/Rügen
Tel.(038392)66170
www. koenigsstuhl.com

Im **Usedomer Gesteinsgarten** in Ückeritz, am Forstamt Neu Pudagla, auf der Insel Usedom kann man zahlreiche eiszeitliche Geschiebe in einer beeindruckenden Freiluftausstellung bewundern und begreifen.

In diesem Buch findet der Leser eine Menge Informationen zu Steinen am Ostseestrand – und zahlreiche Fotos dazu. Manchem Strandwanderer mag das irgendwann nicht mehr reichen. Er möchte mehr davon wissen. Natürlich gibt es dazu Bücher, in denen das Thema – ganz oder in einzelnen Teilen – wesentlich ausführlicher abgehandelt ist:

DIETRICH, H. & G. HOFFMANN: **Steinreiche Ostseeküste**. – Entstehung und Herkunft der Findlinge. – 1. Aufl. 2004, 78 S., viele Abb., 1 Karte ISBN 9-934116-33-7

GRAVESEN, P.: **Fossiliensammeln in Südskandinavien**. – Geologie und Paläontologie von Dänemark, Südschweden und Norddeutschland. – 1. Aufl. 1993, 248 S., 135 Fotos ISBN 3-926129-14-X

NESTLER, H.: **Die Fossilien der Rügener Schreibkreide**. – Die Neue Brehm-Bücherei Bd. 486; 4. Aufl. 2002, 129 S., 160 Abb. ISBN 3-89432-467-8

RUDOLPH, F. : **Strandsteine**. – Sammeln und Bestimmen von Steinen an der Ostseeküste. – 1. Aufl. 2004, 156 S., 164 farbige Abb. ISBN 3-529-05409-7

SMED, P. & J. EHLERS,: **Steine aus dem Norden**. – Geschiebe als Zeugen der Eiszeit in Norddeutschland. – 2. Aufl. 2002, 194 S., 34 Farbtafeln, 83 Abb. ISBN 3-443-01030-X

GLIEDERUNG DER ERDGESCHICHTE

Ära	Periode	Beginn vor Millionen Jahren
KÄNOZ.	Quartär	2
	Tertiär	65
MESOZOIKUM	Kreide	144
	Jura	200
	Trias	251
PALÄOZOIKUM	Perm	296
	Karbon	358
	Devon	417
	Silur	443
	Ordovizium	495
	Kambrium	545
PRÄKAMBRIUM		

AUTOR
und Mitarbeiterin

Seit über vier Jahrzehnten sind sie als leidenschaftliche Strandwanderer an der Küste gemeisam unterwegs – der Autor Rolf Reinicke und seine Ehefrau Inge. Genau so lange beobachten, sammeln und fotografieren sie hier die vielfältigen Strandsteine.
Der Geologe Rolf Reinicke (geb. 1943) gilt als hervorragender Kenner der gesamten Ostseeküste und als excellenter Landschaftsfotograf. Für seine zahlreichen Küstenbücher – so auch für dieses – liefert er alle Fotos und Texte – seine Frau die Zeichnungen.

Weitere Ostsee-Küstenbücher
von Rolf Reinicke:

Bernstein – Gold des Meeres
Hinstorff Verlag Rostock
8. Auflage 2008
ISBN 978-3-356-00642-8

Insel Rügen – Die Kreideküste
Delius Klasing Verlag Bielefeld
1. Auflage 2007
ISBN 978-3-7688-1905-3

Funde am Ostseestrand
Demmler Verlag
1. Auflage 2008
ISBN 978-3-910150-76-8

Feuersteine Hühnergötter
Demmler Verlag
1. Auflage 2009
ISBN 978-3-910150-78-2

Bücher, Poster und Vorträge
von Rolf Reinicke:
www.kuestenbilder.de